DR. EASON'S
CONSULTING ROOM

宠物医生诊疗室

猫狗常见疾病一本通

叶士平 著

SPM 南方传媒　广东科技出版社
全国优秀出版社

· 广 州 ·

图书在版编目（CIP）数据

宠物医生诊疗室：猫狗常见疾病一本通 / 叶士平著. —广州：
广东科技出版社，2023.8　　（2023.9 重印）

ISBN 978-7-5359-8068-7

Ⅰ.①宠…　Ⅱ.①叶…　Ⅲ.①猫病—常见病—诊疗 ②犬
病—常见病—诊疗　Ⅳ.①S858.2

中国国家版本馆CIP数据核字（2023）第059180号

宠物医生诊疗室：猫狗常见疾病一本通

Chongwu Yisheng Zhenliaoshi: Mao Gou Changjian Jibing Yibentong

出 版 人：严奉强

责任编辑：李　婷　黄豪杰　区燕宜

装帧设计：友间文化

责任校对：陈　静

责任印制：彭海波

出版发行：广东科技出版社

　　　　　（广州市环市东路水荫路11号　邮政编码：510075）

销售热线：020-37607413

https://www.gdstp.com.cn

E-mail：gdkjbw@nfcb.com.cn

经　　销：广东新华发行集团股份有限公司

印　　刷：广州市东盛彩印有限公司

　　　　　（广州市增城区太平洋工业区太平洋十路2号　邮政编码：511340）

规　　格：787 mm×1 092 mm　1/16　印张12.25　字数245千

版　　次：2023年8月第1版

　　　　　2023年9月第2次印刷

定　　价：59.80元

FOREWORD I [推荐序一]

好的朋友，是每个人都想拥有的，也是每个人都想成为的。

叶士平医师是我就读台湾大学六年的同窗，在那青涩的年代，我们总是一起谈论着梦想中的未来，誓言要一起为了改变而努力。

不论是对课堂知识的学习，还是对忙到天昏地暗的临床实习，他总是展现出过人的聪颖与热情。他那清晰的思路与坚强的意志都成为我在充满压力与挑战的环境中坚持的一股动力。

毕业后我们一同投入到小动物临床医疗工作中，在专业领域上，他仍秉持初心，用心诊疗每一位细心家长怀抱中的毛孩，并在台北市获得广泛的好评与赞誉。

如今看到他在香港取得的成就，我打从内心替他欢喜。我想，成功不是偶然，而是岁月付出的积累，是汗水挥洒的成果，更是值得令人骄傲的。

读完叶医师这本专门写给饲主的宠物医疗知识系列作品，我站在一个小动物外科医师的视角，看到的不只是专业知识的精确，更令我动容的是字里行间，仍包含着十多年前他那实事求是的精神与满腔的热情，不论哪一方面，都值得读者细心品味。叶医师在小动物临床医疗工作繁忙之余，仍愿意腾出时间撰写这些宝贵的资料，着实令我敬佩与感动。

接下来就请各位读者，通过阅读叶医师深入浅出的内容，一同学习如何站在家长的角度，守护家中毛孩的健康。

台湾新竹康乃尔动物医院内视镜肿瘤微创中心院长

毛嘉庆

FOREWORD II 〔推荐序二〕

　　和叶士平医师初识是在大学时期，他是早我两届的学长。他一直很照顾学弟学妹，对于学业、选课、见习中遇到的问题总是有求必应，而这样的热情也一直延续到步入社会参加工作。还记得当时我才刚毕业，晚上快要休息时来了一个急诊病患，是只眼睛睁不开的猫咪，学长循循善诱地引导我将过去书本上的知识，转化成临床上能够实际运用的技术。

　　很高兴这次可以为学长写推荐序，在台湾，兽医师的生活是很忙碌的。回想自己刚毕业进入动物医院，每天早上处理住院动物、调整点滴、打针喂药、抽血检查，下午看诊手术。行医的生涯，除了在知识上、技术上不断精进自己，给予病患更好、更先进的医疗外，另一个很重要的环节就是让没有医学背景的饲主能够理解我们在做什么。

　　身为兽医师，治疗病患是我们的职责。饲主带着家里的宝贝来就医，心里焦急、满怀疑问，照顾饲主的心情、用饲主能够理解的方式解释病情和治疗计划，对我们来说也是一件很重要的事情。因为在治疗动物的路上，饲主一直都是我们的战友。

　　这本书集结了常见的临床兽医问答，有别于兽医教科书上刻板的知识，更多的是回答饲主经常会产生的疑问。因为别人遇到的问题通常您也可能遇到，所以这些问答，可以让您在照顾家中动物时，察觉动物的异状，并在就诊之前，掌握一些基础知识。希望这本书可以给予各位饲主帮助。

台湾原典动物医院院长

孙全

FOREWORD III [推荐序三]

　　很荣幸能受邀为这本宠物知识新作写序，我跟叶士平医师已经认识十余年了，在大学同窗时期，士平就一直是班上最热心助人且勤奋好学的"书卷奖"常客。本科课业、社团活动、班上读书会、课外医院实习等，他无一不擅长，早早就注定了今天丰富的斜杠兽医人生。

　　同样身为临床兽医师的我，深深了解对毛孩家长进行卫生教育及提升其照护观念的重要性，无奈繁重的临床工作常常让我分身乏术，只能偶尔在医院粉丝专页写写医疗相关文章，做做卫生教育推广，无法像叶医师一般，完整将饲主们最需要知道的观念及最常见的问题汇集成册，相较之下高下立判，实为汗颜。不过今天由叶医师完成此大作，身为同学的我实在也是与有荣焉。

　　处于当今信息爆炸的时代，许多宠物知识相关问题只要问问"网络医生"立刻就可以得到上百个答案，无奈内容质量参差不齐。甚至有时候在看诊时，饲主拿着网友意见来质疑医生的医疗行为，也经常令人啼笑皆非。因此，由专业兽医师编撰及汇整的宠物基本照护知识，绝对是非常具有公信力及参考价值的瑰宝。

　　叶医师在兽医临床工作领域已经是专家等级，《宠物医生诊疗室》这本书不但列出了兽医在门诊过程中最常被问到的问题，且每个回答都是叶医师与各领域专家切磋、讨论后，以最深入浅出且易读的方式呈现出来的结果。相信大家从一开始阅读就会被深深吸引，而看完这本书之后，也必会以拥有这些与毛孩相关的丰富知识而自豪。

台湾贝尔动物医院医师

翁翰阳

PREFACE 〔作者序〕

　　要保持毛孩的健康，光靠宠物医生是不够的。因为毛孩不会说话、不会自己去看医生、不会自己吃药打针，所以当它们有任何不舒服的时候，就要完全仰赖饲主细心地发现和照顾。因此，在宠物医生的诊疗室里，每天除了要帮毛孩做详细的检查和治疗之外，其实还有很大一部分的时间是要跟饲主沟通、解答饲主的各种疑惑，并努力让饲主成为宠物医生最坚强的伙伴。

　　我常常在网络上看到各种宠物社团，里面会有很多饲主提出和毛孩医疗相关的问题，也有很多网友会热心地分享经验。然而毕竟每个毛孩的身体状况都不一样，网友的经验不见得能适用于其他毛孩，很多医疗观念也不见得正确，甚至有些只是为了推销产品而非真心建议，如果误信了错误信息而延误就医，有些毛孩甚至会有生命危险。

　　我非常了解毛爸妈遇到毛孩生病时那种彷徨无助的心情，心中有一千万个问号都希望能立刻获得解答，生怕自己做错了什么、少做了什么。也正因为如此，诞生了《宠物医生诊疗室》这本书，希望能通过问答的方式，把宠物医生在诊疗室中常常被问到的问题记录下来，让毛爸妈们可以快速找到简洁明了的答案，同时也能建立正确的医疗观念，少走一些冤枉路。

　　这本书的第一部分安排了新手毛爸妈的入门知识讲解，把照顾毛孩一定要知道的基本观念都整理在里面，同时也囊括了带毛孩就诊时可能会遇到的一些常见疑问。而这本书的第二部分，则是针对各种不同类型的疾病作详细介绍，让毛爸妈在毛孩生病的时候可以立刻查阅，不至于在众说纷纭的网络信息当中迷失方向。

　　当然，动物医学的领域浩瀚无垠，绝对不是小小一本书就能说得完的，但我衷心希望这本书能成为一本让毛爸妈轻松阅读的口袋工具书，在通勤的时候、午休的时候，甚至是上厕所的时候随手翻阅，让每个毛孩的家里都能有一位24小时驻诊的宠物医生，陪伴毛孩健康快乐地成长。

目录

COMMON DISEASES
毛孩常见疾病

传染病 - INFECTIOUS DISEASES

皮肤 - SKIN

呼吸道 - RESPIRATORY TRACT

耳朵&眼睛 - EARS & EYES

口腔&肠胃 - ORAL CAVITY & GI TRACT

✎ 肿瘤&癌症 - TUMOR & CANCER

🔖 **血液** - BLOOD

内分泌 - ENDOCRINE

生殖 - REPRODUCTION

新手毛爸妈入门

BEGINNER'S GUIDE

　　毛爸妈不可不知的照顾毛孩的基础知识。带你从水分、热量、体重、体温等方面，认识毛孩的日常所需，让你持续把关毛孩的健康状态。

　　带你了解X线检查、计算机断层扫描检查、气体麻醉、液体麻醉等诊疗常用语，建立与宠物医生的沟通语言。

正常毛孩一天需要多少水分？

　　水分对于维持身体机能的正常运作非常重要，也是身体新陈代谢、产生能量的过程中很重要的一种介质。如果身体的水分不足，血液就难以将各种重要的物质供应到身体的各个部分，进而影响身体的代谢，使得身体机能无法正常运作。

　　水分的来源主要包括食物本身所包含的水分，以及毛孩喝水所摄取到的水分，这些水分会在身体代谢的过程中被消耗，剩下的大部分就由尿液排出。

　　健康的中型犬依体重每千克、每天会需要50～60毫升的水分，例如：10千克的狗狗一天大约会需要600毫升的水分，而一天产生的尿液量则是每千克体重20～40毫升。毛爸妈必须给毛孩提供足够的水分摄取量，才能避免它们因水分不足而生病。🐾

正常毛孩一天需要多少热量？

　　身体必须将吃下去的食物消化、分解成各种营养素，再经过代谢将这些营养素转化成热量，才能为毛孩提供身体活动所需要的能量。而毛孩身体所需要的热量会依照它们体型大小、活动量、胖瘦程度的不同而有所差异。狗狗一天所需要的热量可以通过一天休息时的最低能量需求（Resting energy requirement，RER）来计算。🐾

对一般中型犬来说，如果一整天都在休息，最低所需的能量大约是RER = 30×体重（千克）+ 70千卡*。

以20千克的狗为例，30×20 + 70 = 670，代表即使它一天完全不活动，也最少需要670千卡才能维持身体机能运作，不过这个公式只适用于中型犬，对于小型犬种则并非如此。

如果是小型犬的话，就建议用另一个公式：RER = 70×体重（千克）的0.75次方。也就是说，一只1.36千克的小型犬，它一天的最低能量需求大约是 $70×1.36^{0.75}$ = 88千卡。

不过要注意的是，这里RER说的是就算一天完全不活动，也会消耗掉的最低热量需求，也就是热量的供给绝对不能低于这个数字。但其实狗狗是不可能完全不活动的，尤其幼犬的活动量大且正在发育，身体所需要的能量也势必远大于这个最低需求。因此幼犬、幼猫一天所需的能量可能会是RER的2~3倍，而一般成年犬为了满足一天活动所需，也至少需要RER的1.8倍，如果是需要辛苦工作的工作犬，甚至会需要RER的4~8倍之多。

除了健康的狗狗之外，生病的狗狗在不同疾病状况下也可能会需要更多的能量，因此就会需要RER乘上各种倍率，如果只给予RER的能量，绝对是远远不够的。

由于计算的RER实在远低于正常活动所需，而针对不同状况去乘上不同数字又相当麻烦，因此也有其他文献提供了另一个公式：狗狗一天所需的水分和热量可以用132×体重（千克）的0.75次方来计算；而猫猫一天所需的水分和热量则可以用80×体重（千克）的0.75次方来计算。这个公式计算出来的水分和热量能够满足毛孩大多数身体状况的需求，使用起来会简单许多。🐾

---

* 千卡，能量单位，1千卡 = $4.184×10^3$ 焦耳。

有没有快速简单的方法可以知道我家毛孩一天所需要的热量和水分呢？

由于体重的0.75次方不容易速算，我们在这里提供一个大概的对照表（见下页）给毛爸妈，方便快速参考不同体重的毛孩所需要的水分和热量，虽然针对不同体型、身体状况还是会有所差异，但大致上只要不低于这个表格上的数值即可。

如果想要更详细准确，还是要带毛孩去宠物医院，由专业的宠物医生评估之后再给予建议，才会最符合家中毛孩的需求。🐾

毛孩小知识

🦴 这里所列的体重是以毛孩正常体态的体重来计算，如果毛孩有过胖或过瘦的问题，就需要先估算它们理想体态的体重，才可以套用此表。

🦴 超过5千克的猫猫很多都有过胖的问题，请咨询宠物医生，以评估最适合它们的水分和热量。

体重 / 千克	热量 / 千卡（或水分 / 毫升）	
	狗	猫
1	132	80
2	214	135
3	285	182
4	348	226
5	407	268
6	463	307
7	515	344
8	566	
9	615	
10	662	
11	707	
12	752	
13	795	
14	837	
15	879	
20	1 075	
25	1 256	
30	1 427	
35	1 590	
40	1 746	
45	1 896	
50	2 041	

毛孩的身材怎样算太胖，怎样算太瘦？

现在的狗狗和猫猫几乎都受到主人百般呵护，集万千宠爱于一身，不仅衣食无虞，正餐之外，还会有很多零食吃。有些猫猫吃的是自助餐，如果贪吃一点、懒惰一点又不爱玩的话，可能每天真的就是吃饱睡、睡饱吃。毛孩也因此跟人类一样，有一个很常见的文明病，那就是肥胖。

那么，毛孩体重达到多少算是太胖呢？事实上，由于每个毛孩的品种不同，骨架大小差异很大，所以没有一个统一的体重数值来作为判断依据，宠物医生通常是用体况评分（Body condition score，BCS）来记录并判断毛孩的身材有没有走样。

体况评分将毛孩的胖瘦程度分为5个或9个等级，现在一般使用9个等级的分法，因为可以记录得比较详尽。评分的级数是以最瘦的身材为1分，最胖的身材为9分，理想的身材大约是4分或5分。

以狗狗而言，最理想适中的5分身材是肋骨看起来若隐若现的程度，在触摸肋骨时会觉得稍微隔了一层脂肪，但又不会太难摸到肋骨之间的凹陷。狗狗四脚站立时，如果从上方俯瞰，可以看到肋骨后方有明显的苗条腰身；如果从侧面看，可以看到腹部向上收起，比胸腔略高。

而猫猫最理想的5分身材，是从外观看不到肋骨，但如果触摸则可以轻易摸到。猫猫四脚站立时，从上方俯瞰可以看到清楚的腰身，侧面看过去可以看到腹部微微向上收起，带有一层少许的脂肪。如果你家毛孩符合前面这段描述的话，恭喜你！它们拥有毛孩界的黄金比例身材，是标准的"小鲜肉""小美女"。

以下两个图示详细介绍了狗狗和猫猫的体态分级（参考数据：法国皇家体态分级）。🐾

图示	狗狗体态分级	说明
	1分 （严重过瘦）	皮包骨，身上完全没有脂肪，肌肉明显不足，从远处就能看到肋骨、脊椎、骨盆明显突出
	2分 （中度过瘦）	身上摸不到脂肪，肌肉轻微流失，肋骨、脊椎、骨盆的轮廓清楚可见，部分骨骼的轮廓从远处可见
	3分 （轻微过瘦）	腰身明显，腹部明显收起，可轻易摸到肋骨，表面没有明显脂肪包覆，腰椎和骨盆较明显
	4分 （理想）	肋骨被薄薄的脂肪包覆且容易触摸，俯视可见清晰腰身，腹部向上收起
	5分 （理想）	能触摸到肋骨且无过多脂肪包覆，腰身清晰，腹部向上收起
	6分 （超重）	能触摸到肋骨但包覆的脂肪稍多，能看见腰身但不清晰，腹部轻微向上收起
	7分 （轻度肥胖）	肋骨被较厚的脂肪包覆、不易触摸，腰部和尾根部有明显脂肪堆积，几乎看不到腰身，腹部可能没有向上收起
	8分 （中度肥胖）	肋骨被非常厚的脂肪包覆，除非很用力否则无法摸到，腰部和尾根部有大量脂肪堆积，没有腰身，腹部没有向上收起，可见腹部凸出
	9分 （严重肥胖）	胸壁、脊椎、尾根部有大量脂肪堆积，颈部和四肢也有脂肪堆积，完全没有腰身，腹部明显胀大

图示	猫猫体态分级	说明
	1分 （严重过瘦）	皮包骨，肌肉很少，肋骨摸不到脂肪，腰部非常凹陷，腹部严重扁塌。短毛猫能明显看到肋骨、脊椎、骨盆
	2分 （中度过瘦）	肌肉流失，肋骨摸不到脂肪，腰部凹陷，腹部明显收起。短毛猫能明显看到肋骨
	3分 （轻微过瘦）	腰身明显，腹部脂肪很少，腹部明显收起。短毛猫能看到肋骨
	4分 （理想）	看不到肋骨但能轻易摸到，腰身明显，有少量腹部脂肪
	5分 （理想）	比例良好，看不到肋骨但能轻易摸到，腰身明显，有少量腹部脂肪，腹部轻微收起
	6分 （超重）	看不到肋骨但还摸得到，腰身较不明显，腹部非常轻微地收起
	7分 （轻度肥胖）	肋骨被较厚的脂肪包覆、不易触摸，几乎看不到腰身，腹部没有向上收起，腹部看起来较圆
	8分 （中度肥胖）	肋骨被厚实的脂肪包覆而无法摸到，看不到腰身，腹部轻微胀大
	9分 （严重肥胖）	肋骨被非常厚的脂肪包覆而无法摸到，完全没有腰身，腹部明显胀大，大量脂肪堆积

毛孩胖胖的不是很可爱吗，有什么关系？

　　肥胖对于毛孩身体有很多危害，首先最明显的就是关节的负担会变得很重，四只脚很容易受伤或关节发炎而造成疼痛跛行。老年猫、狗的关节本来就容易患退行性关节病，如果再加上肥胖，它们可能连站起来都是一件很困难的事。因此有些肥胖的猫、狗干脆不想动，但这样就会造成越来越肥胖的恶性循环。

　　另外，毛孩跟人类一样，肥胖也很容易导致内分泌出现问题，最常见的问题就是糖尿病（Diabetes mellitus）。糖尿病会造成血糖控制混乱、多饮多尿、脱水，严重时甚至会并发酮症酸中毒，造成生命危险，就算病情可以稳定下来，也需要每天打胰岛素，是治疗起来非常辛苦的一种慢性病。

　　对公猫来说，肥胖容易导致它们有尿道阻塞的问题，这也是有可能会威胁它们生命的重大疾病。有气管塌陷问题的小型犬，肥胖可能会进一步地压迫气管造成它们容易咳嗽或者呼吸困难。另外，肥胖对心脏也会造成负担，因此对于患有心脏病的狗狗也是很不好的风险因子。所以作为毛爸妈的我们，应该尽量将毛孩的体重控制在理想的范围，不要让它们有过胖或过瘦的问题。

　　肥胖是毛孩和人类都很常见的文明病，而要保持毛孩的体态良好，平时就应该注意热量的控制。只要是市面上购买的大品牌干饲料或主食罐头，通常包装上都会写明多少千克的体重建议吃多少量，毛爸妈应该尽量按照建议的量喂食，不要因为毛孩讨食就不断加量，甚至无限量供应。

　　很多零食都含有不少热量，所以要小心毛孩因吃太多零食而发胖。如果是已经过胖想减肥的毛孩，可以尝试慢慢减少食量，例如：减少20%的喂食量，或者向宠物医生咨询是否适合改吃减肥处方饲料。减肥处方饲料通常含有大量纤维，可以提供饱腹感，促进肠胃蠕动，改善毛孩讨食的问题，又不会增加热量负担，是相当不错的选择。🐾

毛孩的正常体温是多少?

人类会因为不同的测量方式而有不同的正常体温范围，腋温、耳温、额温的正常值都不太相同，而猫、狗的体温测量则通常以肛温作为统一的测量标准，相对地简单许多。

猫、狗的正常体温在不同文献上的范围有些许差异，不过一般来说，体温在38~39℃都算是正常的，超过39.5℃就算是偏高，而低于37.5℃就算是太低。

毛孩的体温偏高就是发烧吗?

在宠物医生的日常门诊当中，毛孩体温偏高的状况会比体温偏低更常见，最常遇到的状况就是因为紧张而导致的体温偏高。有些比较怕生的毛孩第一次来诊所时，面对陌生的环境，常会吓得一直发抖而导致体温升高。也有些猫猫把自己缩成一团躲在外出笼里面，因为紧张加上笼内空气不流通，所以很容易体温偏高。遇到这种状况，我们通常会请毛爸妈抱着毛孩在通风的室内坐着休息，让它们稍微冷静一下；如果是密闭诊间，也可以让毛孩自己在诊间内逛逛，熟悉一下环境，等情绪放松之后再量。

另一种常见体温偏高的情况，是毛孩刚开心地跑完步就马上量体温，或是大热天走到医院来就立即量体温，也可能造成量到的体温偏高，这种状况也要等它们休息一下，吹吹风之后再重新测量。

如果毛孩真的是在冷静状态下仍然持续地体温过高，就可能有发烧的现象。发烧通常是身体正在发炎的表现，不管是感染或非感染的情况都有可能出现。幼年猫、狗发烧通常都是感染引起的，尤其是病毒感染。狗狗的病毒感染，例如病毒性肠炎、犬瘟热等；猫猫的病毒感染，例如传染性腹膜炎、猫瘟等，都是常见的造成发烧的病毒性疾病。而细菌感染的状况，例如肺炎、钩端螺旋体病等，也可能造成发烧。如果母猫、母狗没有绝育，反复地发情有可能造成子宫蓄脓、细菌大量繁殖，也会造成发烧，甚至演变成败血症。

除了上述这些感染的情况，有些非感染造成的发炎也可能导致发烧，例如：胰脏炎就是胰脏的消化酶渗漏造成腹腔甚至全身发炎，这种疾病虽然不是感染的问题，但也可能造成发烧。

发烧其实是身体的免疫系统内建的一种保护机制，身体在健康时，脑部的体温中枢应该会将体温维持恒定；然而，当身体受感染或出现异常时，免疫系统就可能重新设定并将体温拉高，借以抑制细菌、病毒的繁殖，帮助免疫细胞杀灭病原。

所以遇到发烧的情况，宠物医生通常不会第一时间就开退烧药，而是会找到导致发烧的根本原因，用抗生素或其他药物帮助免疫系统对抗病原，毛孩自然就能慢慢退烧。而输液治疗，也就是俗称的打点滴，可以通过将液体注入身体来达到缓慢降温的效果，同时补充身体需要的大量水分，不论是对于感染或非感染造成的发烧，都能有效促进身体新陈代谢、帮助免疫系统作战，也是宠物医生常常会给予的支持疗法之一。

如果发现毛孩摸起来体温明显升高，或开始有不适的症状，甚至已经失去活力、没有食欲的话，一定要尽快带去动物医院就诊，以免错过治疗的黄金时机。🐾

毛孩如果体温太低，是什么问题呢？

一般来说，猫、狗的体温如果低于37.5℃就算太低，那么为什么毛孩的体温会过低呢？有些毛孩体温可能天生就比别的毛孩低一点点，如果从小到大每次量体温都只是低了0.1～0.3℃，但毛孩的活力和食欲都非常正常的话，通常就不需要太担心。

但有一种情况是毛孩的内分泌出了问题，例如甲状腺素分泌不足，也就是甲状腺功能减退症（Hypothyroidism），罹患这种疾病的毛孩全身的新陈代谢会变得缓慢，容易有心跳缓慢、怕冷的状况，且体温容易比健康的毛孩低；毛爸妈也会发现它们比较喜欢钻被窝取暖，或者窝在暖气前面。不过，通常甲状腺功能减退症造成的低体温不会比正常低太多，大部分都还能维持在37℃以上。

如果是比正常低很多的低体温，通常就是比较严重的情况了。一两个月大的幼犬、幼猫就好像人类的婴儿一样，胃容量很小，所以需要少食多餐，几个小时就要吃一餐，如果太久没有吃饭的话，很容易就会出现低血糖的问题。轻微的低血糖可能只是稍微无力，但严重低血糖的毛孩可能就会出现低体温、昏迷，甚至癫痫的症状，如果没有及时补充糖分，就可能会有生命危险，这时的低体温就是非常重要的预警信号了。

除了低血糖之外，低血压也会造成体温过低。严重脱水或者大出血的动物，由于全身循环血量不足，无法维持足够的血压把血液送到全身，自然也就没办法维持正常的体温。还有一些重病的动物由于太过虚弱，也会出现低血压的问题，使得体温无法维持正常。

还有一些严重发炎、感染的情况，例如败血症等，除了会引发低血压、低血糖之外，还有可能影响维持体温恒定的中枢，使得身体无法正常调节体温，这也是造成低体温的重要原因。这些情况的低体温都表示身体的状况非常差，而且通常都是威胁生命的重大疾病，千万不能轻忽！🐾

医生说我家狗狗脱水很严重，什么是脱水呢？

脱水指的是身体的水分不足，有可能是毛孩摄取的水分不够，例如毛孩因为食欲不振而不肯喝水，或是食物太过干燥、没有提供充足的水源等。相较于狗狗来说，很多猫猫天生就不爱喝水，所以如果平常主要都吃干饲料而没有搭配湿食的话，就要特别注意它们的喝水量，确保它们一天的水分摄取量能达到前面表列的需求。（注：详细内容请参考第5页表。）

除了水分摄取不足之外，其实最常造成毛孩脱水的原因是：身体的水分流失过多，例如身体的内分泌或肾脏出了问题而造成排尿量过多，当喝水的量追不上尿液流失的水量，就会造成脱水。

另一个很常见的原因就是肠胃道的水分流失，例如呕吐或拉肚子会让本来应该好好被吸收的水分一下子大量流失，如果吐、拉得很严重，喝进去的水都没有办法被肠胃吸收到身体里面，就会造成脱水。

呼吸造成的水分流失，是另一个很常被忽略的原因，例如发烧、中暑或因为呼吸道疾病严重喘气的狗狗，都有可能在不经意的情况下通过呼出的水汽而流失大量水分。

还有一种水分流失的途径是经由皮肤，例如人类可能会因为排汗而流失大量水分，但由于猫、狗的汗腺通常只局限在脚垫上，排出的水分非常少，所以通常不会因此而造成脱水。但如果它们因为意外造成大面积的烫伤，就有可能从皮肤伤口处渗出大量的液体而造成脱水。

还有一种水分流失的途径是比较不容易被发现的，那就是胸腔或腹腔内积液造成的水分流失，我们称为"第三间隙体液丢失（Third-space fluid loss）"。在这种情况下，毛孩可能有大量的体液异常地蓄积在胸腔或腹腔内，因而形成胸水或腹水。虽说是液体蓄积，但这些液体已经离开毛孩的血管系统，成为无法被身体器官运用的水分，所以也算是水分的流失。如果水分一直从这个途径流失而没有补充的话，也会造成脱水的情况。🐾

我该怎么知道毛孩有没有脱水呢？

宠物医生在门诊见到毛孩的第一件事情，一定是先做基本的理学检查，包含听诊、触诊，以及评估毛孩身体水分状态等。我们怎么知道毛孩到底是不是脱水了呢？其实可以通过下表所列的症状来判断它们是否脱水，并区分脱水的严重程度。

脱水量占体重的比例/%	症状说明
<5%	无法通过理学检查发现
5%~6%	皮肤的弹性轻微变差
6%~8%	皮肤的弹性明显变差、毛细血管回血时间轻微延长、眼球可能轻微凹陷、黏膜可能干燥
10%~12%	皮肤完全失去弹性、毛细血管回血时间明显延长、眼球明显凹陷、黏膜明显干燥、可能出现休克症状（心跳加速、四肢冰冷、脉搏微弱）
12%~15%	出现明显休克症状、可能失去意识，进入濒死状态

毛孩脱水很危险吗？需要立刻看医生吗？

脱水可以分成急性脱水和慢性脱水：如果突然很频繁地呕吐、腹泻，一天吐、拉十几次，就容易造成急性脱水；如果是肾脏或内分泌疾病造成尿量慢慢增加，水分摄取慢慢追不上水分流失的速度，经过几个星期甚至几个月慢慢演变而来的脱水，就称为慢性脱水。

一般来说，急性脱水对身体的危害比较大，因为身体来不及适应，如果短时间内大量的水分流失，就有可能使身体的循环血量不足，而突然造成休克；慢性脱水由于时间跨度比较长，身体有时间慢慢适应，所以症状有时不够明显，就容易被忽视，以为毛孩只是年纪大所以精神比较差等。慢性脱水如果很严重，还是会有重大的危害，一定要尽快看医生。

如果毛孩出现呕吐、拉肚子的情况，毛爸妈并不需要因为它们肠胃不适就禁止它们饮食，有时反而可能因为不让它们喝水而恶化它们脱水和电解质不平衡的情况。同样地，如果发现它们变得比较爱喝水，也可能是因为毛孩身体大量流失水分，使得毛孩想要多喝水来补充，因此并不需要特别限制它们的饮水量。

不过有些毛孩可能因为吐、拉得太严重，导致喝下去的水分完全无法经由肠胃吸收，这时就需要用打点滴的方式，经由血管或皮下组织直接帮助它们吸收水分，以改善脱水的状态。

脱水的毛孩虽然需要补充水分，但补充的量也需要仔细评估、谨慎拿捏，有时如果补充的水分过多，可能反而造成它们身体的水分过剩，进而演变成胸腔积液、肺水肿或皮下水肿等，出现新的问题，让它们更不舒服。

所以，只要出现上述脱水的症状，都应该尽快带它们去看医生，并接受宠物医生的专业评估，才能选择对它们最好的治疗。🐾

今天中午带我家黄金猎犬出去跑步，半小时后它突然倒在地上喘气，怎么会这样？

每年夏天，宠物医生常常会遇到的急诊病例就是中暑，或称"热衰竭"。比起猫猫，中暑更常发生在狗狗身上，因为大多数家养的猫猫不太会在户外剧烈运动，但狗狗就经常出去户外跑跳，一不小心就可能发生意外。

因为台湾天气炎热，尤其夏天的北部更是非常闷热，所以如果让毛孩在白天太阳很猛时到户外玩耍，很容易就会中暑。尤其大型犬种，例如黄金猎犬、拉布拉多等，通常一玩起来就会太亢奋而忘记休息，很容易玩个半小时就中暑倒地。而巴哥犬、斗牛犬等短吻犬种由于本来呼吸就不顺畅，运动时呼吸会更加困难，也是很容易中暑的品种。

毛孩中暑的症状包括身体严重发热、喘气、流口水、舌头牙龈发红（也可能发白）、呕吐或拉肚子等，有时甚至可能吐血、拉血，或者晕倒失去意识。不幸中暑的狗狗体温通常都非常高，超过40℃甚至达到42℃、43℃都有可能。而高温的血液充满全身，除了会让大脑失去意识之外，也会伤到心脏、肝脏、肾脏等重要的内脏，因此如果高温的状况持续太久，就有可能造成严重的伤害，并演变成多器官衰竭而导致毛孩死亡，非常可怕！🐾

要怎么做才能预防毛孩中暑呢？

要想避免中暑，就要避免在炎热的天气带毛孩到户外，也要避开白天温度较高的时间出门，选择清晨、傍晚或夜晚等比较凉爽的时间出去散步，散步时最好也要按时补充水分，以免它们因太热而脱水。有些生长在寒冷区域的长毛犬种，例如哈士奇、藏獒等，因为它们的毛又长又厚，本来就不适合生活在天气炎热的地区，所以这些品种更要注意中暑的危险，夏天时最好将毛剃短，帮助散热。

如果不幸中暑，抢救的关键就是要赶快降温，且发生中暑时要迅速将狗狗移到阴凉处，如果是长毛的狗狗最好立刻剃毛帮助散热。另外，可以用大量的冷水淋在中暑的狗狗身上，并同时开冷气和风扇，利用水分蒸发带走身体的热量，然后赶快送医。这里要注意的是，冷水不可以太冰，如果直接用冰水淋湿，会造成周边血管收缩，使得高热的血液蓄积在中央的内脏而无法将热量散出，反而会适得其反。

紧急就医之后，宠物医生会继续用各种方式协助毛孩散热，同时给予快速、大量的静脉输液，补充水分并带走热能。另外，宠物医生也会帮它们抽血做检查，确认内脏器官有没有急性损伤，或者血液电解质、酸碱值是否异常等。

如果顺利将体温降下来，狗狗可能就会渐渐恢复意识，慢慢回到正常状态，但是这时仍然不能掉以轻心，因为前面造成的内脏伤害有可能不会立刻表现出来，最好还是要住院几天观察它们身体的变化。而如果顺利出院，保险起见，最好能在1周后重新检验一次各内脏的功能指标，确保没有造成潜在的伤害或后遗症。🐾

为什么要做X线检查，那是检查什么的？

X线检查是非常方便的影像诊断工具之一，大部分的动物医院都有提供X线检查的服务，可以为毛孩医疗提供非常丰富的信息。

X线检查的原理相信大家都不陌生，它是用放射线穿透身体来看到内部器官的。X线常用于检查胸腔、腹腔和骨骼，以下简述X线在不同部位检查中可以提供的信息。

SECTION 胸腔X线检查

心脏、肺脏、气管、支气管、食道等都位于胸腔，如果狗狗有心肺的相关问题，X线检查通常是一定要做的标准检查之一。胸腔X线检查可以判断心脏的大小、形状，重要血管（例如：大动脉、大静脉）有没有变粗或变细，肺脏有没有发炎、水肿、塌陷、团块，肺脏的血管有没有充血、扭曲或变细，气管、支气管有没有塌陷、发炎，等等。除了心肺问题之外，胸腔X线检查也可以判断食道有没有异物，胸腔内的淋巴结有没有肿大，横膈膜有没有疝气；还可以判断胸腔内有没有异常的胸水或气胸，肋骨有没有断裂或团块，等等。

SECTION 腹腔X线检查

腹腔内比较大的器官都可以通过X线来检查它们的大小、形状、轮廓，以及有没有异常的团块、结石、钙化；还可以检查肠胃道的排列有没有明显的扭转、异物、阻塞；另外也可以检查腹腔内有没有异常的积水或积气，等等。

SECTION 骨骼 X 线检查

骨骼部分常用X线检查有没有骨折、脱臼或错位，也可以检查骨髓腔内有没有发炎，骨头本身有没有肿瘤，或者一些皮下肿瘤有没有侵蚀到骨骼等。另外还有关节疾病的评估，例如：关节发育是否正常，有没有退化、发炎；关节软骨有没有剥落等。如果是针对脊椎拍摄，就会额外注意椎间盘是否狭窄；有没有异常的结构压迫脊髓；脊椎的发育有没有畸形，排列有没有错位等。

SECTION 牙科 X 线检查

除了常见的拍摄部位之外，有些动物医院也会提供牙科X线检查的服务。牙科X线检查可以诊断外观看不到的牙根和牙周疾病，例如：齿槽骨有没有被细菌破坏，牙根周围有没有化脓，牙周韧带是否健康等。如果毛孩有接受拔牙手术，手术后的牙科X线检查还可以确认牙根是否已被拔除干净，对于动物牙科的诊疗是非常重要的一种方法。

SECTION 头部、颈部 X 线检查

由于头部骨骼的排列有很多重叠的部分，所以能通过X线检查看清楚的信息反而比较少。头部X线检查最常用于车祸或坠楼的病患，以检查头部有没有骨骼的创伤；另外也可能会用来评估鼻腔内有没有肿瘤或感染，中耳、内耳有没有发炎、团块等。颈部的X线检查主要检查气管有没有塌陷，食道有没有异物，咽喉部有没有异常的团块等。颈椎类的疾病也会通过颈部X线检查来诊断。

X线检查会不会存在太多辐射而让毛孩得癌症？会不会很危险？

宠物医生会根据毛孩疾病的状况，来决定是否需要做X线检查，毛爸妈只要配合医生的指示即可，不用太担心。

有些毛爸妈担心X线检查的辐射会影响毛孩的健康，但实际上动物用的X线剂量非常低，而且由于毛孩天生的寿命不像人类这么长，放射线对它们的长远影响在它们有生之年几乎是不会出现的，所以X线检查对它们来说可以算是非常安全的检查。反倒是操作X线检查的人员需要穿着全套防护的铅衣，如果毛爸妈需要在X线检查室内协助的话，也务必要做好防护。

X线检查拍摄的是单一方向的平面影像，所以通常至少要拍2~3个方位才能看清楚毛孩的立体结构，否则非常容易误判。另外，不管毛孩的体型大小如何，每个部位的X线检查都要尽量分开拍摄，才能得到比较清楚的影像，千万不要为了节省费用而拒绝医生的建议。

有些毛孩非常容易紧张，在拍摄时可能会挣扎或喘气而造成影像模糊无法判读，此时宠物医生可能会建议给予镇静剂之后再拍摄。轻微的镇静剂不仅可以减少拍摄失败的次数，以及不必要的辐射暴露，也可以让毛孩不要那么紧张，有助于得到正确且清晰的影像。虽然可能会有一些镇静相关的风险，但只要在良好的监控之下，风险都是可以被控制在可接受的范围内，因此为了能够正确诊断毛孩的疾病，做X线检查是非常值得的。🐾

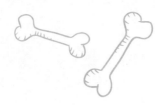

医生建议我家毛孩做计算机断层扫描（CT）检查，可是检查费很贵，真的有必要吗？

计算机断层扫描（CT）的仪器设备非常昂贵，至少都要几百万的成本才能设置，而每个月的保养和维修可能都要花掉超过两万元，占地面积又大，是非常高阶的影像检查工具。过去只有在人类医疗的大型医院才能提供这样的检查服务，不过近年来也有越来越多的大型动物医院引进计算机断层扫描的设备，让毛孩也能享受到和人类医疗同等级的高阶检查，可以说是毛孩的一大福音。

计算机断层扫描是什么呢？我们在前面提过，X线检查是单一方向的平面影像，每一张片子只能提供某一个角度的视野，虽然我们会拍摄多张不同角度的片子来分析立体结构，但毕竟还是有点像盲人摸象，有些角度还是没办法在片子上呈现出来，所以常常会有一些微小病灶被遮住而没有被发现。

计算机断层扫描的好处就是能提供几乎没有死角的立体摄影，得到的影像可以让宠物医生进行720°的旋转，从各种不同角度检查身体内的器官结构，也可以通过计算机软件来重建3D立体模型，对于诊断和治疗都有极大的帮助。

计算机断层扫描现在已经越来越普及，价格也在慢慢降低，但对于毛爸妈来说还是一笔不小的数目，加上这个检查可能会需要麻醉或镇静，往往让很多毛爸妈却步。不过，由于这个检查能提供的诊断信息实在太丰富了，已经成为很多疾病诊断的黄金标准。因此如果主治的宠物医生认为毛孩需要做这个检查，我还是会非常建议毛爸妈不要却步，早期诊断，做好详细的治疗规划，才不会延误病情，也不会让毛孩白白受苦。🐾

什么状况会需要做CT检查呢？

CT检查对于外科手术的规划是非常重要的，例如：腹腔内如果有很大的肿瘤，我们就需要知道肿瘤侵犯的范围有多大、有没有转移；手术时需要从哪里下刀、需要处理哪些器官、会不会有大出血的可能等。

这些问题在没有CT的年代，可能只能靠外科医生在手术中的随机应变来处理，但如果有CT事先做好规划，就可以大幅降低手术的风险、减少出血的可能、降低复发的概率，也可以在手术前评估手术成功的概率，避免毛孩白挨一刀。

除此之外，有一些血管的先天畸形，例如肝脏门脉分流等疾病，在X线或超声波检查时可能会被很多周边的器官遮住而看不到，但在CT检查时可以通过造影剂的辅助，加上3D立体影像的重建，清楚看到异常血管的走向和分支，如果有多重畸形也能一次检查清楚，进而评估手术的可能性和选择适合的治疗方法，大幅提升手术成功的概率，减少复发的机会。

胸腔内的疾病诊断也常常需要CT检查，例如肺脏内的小团块或血栓、肺叶的塌陷或局部病变，X线检查可能因为分辨率不足或跟其他器官的影像重叠而无法诊断，这时使用CT就可以避免死角，让疾病无所遁形。

椎间盘的问题也经常用到CT，尤其是腊肠犬这类好发椎间盘突出的犬种，X线检查不见得能够清楚判断脊椎神经受到压迫的位置，但是通过CT，医生就能很快知道哪里出了问题，并抢在黄金时间内紧急手术，救回它们的神经。

还有一些坠楼或车祸造成的复杂性骨折，由于骨头的碎片四散，要将它们拼接起来并复位会非常困难，这时如果有3D立体的CT影像帮忙，骨科医师就能快速地找到所有的骨头碎片，并且规划好要怎么复位，既能缩短手术时间，又能增加手术的成功率，对毛孩来说是非常有帮助的。🐾

什么是镇静？镇静跟麻醉有什么不一样呢？

有时候我们在带毛孩就诊的过程中，宠物医生可能会建议帮毛孩打镇静剂，让医生能够执行进一步的检查或治疗。而所谓的"镇静"是什么意思呢？我们可以把镇静当作是一种轻度的麻醉，不同程度的镇静可以达到以下的不同效果。

轻微镇静

缓解毛孩的焦虑，并让毛孩脱离紧绷、警戒的状态，但不影响毛孩对外界的感知能力。

中度镇静

使毛孩的意识变得迟钝，有点像是喝了酒微醺的状态。此时毛孩对于外界的刺激包括声音和触碰都还是会有反应，身体的神经反射及心脏血管的功能都不受影响。

重度镇静

使毛孩的意识进入浅眠状态，对于外界的刺激失去知觉，但对于重复或明显的疼痛可能还是有些许反应。部分神经反射可能被抑制，但心血管功能不受影响。

全身麻醉

毛孩完全失去意识，大部分神经反射也被抑制，无法控制身体的活动，对于手术的疼痛完全没有感觉。

由前面的描述我们可以知道，镇静是达到麻醉之前的一种意识模糊的状态，有点像是喝醉酒的过程。当我们只是小酌两杯的时候，可能会觉得心情开始放松，可以消除一整天的压力、抛开所有的烦恼。当喝到微醺时，走路可能开始不稳，此时会觉得心情愉悦，甚至胆量也大了许多。但如果没有节制，到最后就会喝多醉倒在地，也就类似于重度镇静甚至麻醉的效果。

为什么宠物医生要帮我家毛孩打镇静剂呢？

很多毛孩在来到医院时都非常紧张，可能会全身发抖、肌肉紧绷，处于高度警戒的状态，尤其当宠物医生要触碰它们并开始检查身体时，毛孩更有可能会不断挣扎，甚至出现攻击的行为。

对于这些过度紧张的毛孩，不论是狗狗还是猫猫，如果能够给它们一点轻微的镇静药物，就像请它们喝杯小酒一样，可以让它们很快地放松心情、解除戒备，轻松愉快地接受检查及治疗，所以很多时候打镇静剂对毛孩来说是非常有帮助的。

举例来说，很多毛爸妈自己都有做胃镜检查的经验，医生通常会让你选择做无痛胃镜还是一般胃镜，相信有经验的人大多数都会选择做无痛胃镜。因为如果在清醒状态接受胃镜检查，咽喉的反射会让你一直不断作呕，而且胃镜在胃里的动作也可能会让你觉得胃部疼痛或不适，导致整个过程非常不舒服，你也会一直处于全身紧绷的恐惧状态，光是10分钟的检查过程都会让你觉得度日如年，非常疲惫。

相反地，选择无痛胃镜其实就是给你深度的镇静，你会感觉好像睡了一觉检查就结束了，不仅不会觉得不舒服，甚至好像什么事都没发生过一样。如果紧张的毛孩看医生也能够像做无痛胃镜一样，舒服地睡一觉醒来就完成检查和治疗，对它们来说岂不是一件很棒的事吗？尤其有些检查，例如触诊、X线检查或超声波检查，在紧张或挣扎的状态下，诊断的准确性都会大幅降低，导致花更多的时间却只能得到少量不准确的信息，反而容易延误毛孩的病情，在这种情况下，使用镇静药物就是非常必要的。🐾

我听其他网友说镇静很危险，千万不要随便给毛孩打镇静剂，这是真的吗？

有些毛爸妈觉得镇静很可怕而拒绝让毛孩接受镇静，结果反而让毛孩必须在非常恐惧的状态下接受检查和治疗。尤其一些脾气不好的毛孩如果出现攻击行为，包括医疗人员和毛孩自己，都很容易在挣扎中受伤，而且整个医疗过程也会拉长好几倍的时间，反而增加毛孩不好的记忆，在它们心里留下阴影。

而且宠物医生在无法好好检查及治疗的状况下，包括检查的准确度和治疗的效果都会大打折扣，结果反而事倍功半。尤其是清理深层伤口这种比较疼痛的治疗过程，不让毛孩接受镇静止痛的话，整个清创过程就会像刮骨疗伤一样不断地刺痛毛孩，对于它们来说反而是一种折磨。

当然，镇静并不是完全没有风险的。有些病情比较严重的毛孩，深度的镇静有可能会影响它们的神经反射或心血管功能，造成缺氧或低血压等；甚至某些毛孩还可能会出现无法预期的药物过敏，进而对毛孩造成危险，严重的还可能会导致死亡。

不过，这种情况的发生率非常低，宠物医生也都会根据毛孩的身体状况尽可能使用比较轻微的镇静来避免影响它们的身体功能。如果毛孩的身体状况真的不适合使用镇静剂，宠物医生当然也不会强迫毛孩冒险。因此只要选择设备齐全的动物医院，以及熟悉毛孩身体状况的宠物医生，并在镇静前做好审慎的评估，其实就一点也不可怕了。🐾

我家老狗最近要做手术，医生说要先评估麻醉风险才能手术，麻醉到底有什么风险呢？

全身麻醉（General anesthesia）指的是让动物进入完全失去意识的状态，避免动物在手术过程中感到疼痛。动物在全身麻醉的过程中，除了完全失去知觉之外，也无法控制自己的肌肉运动，且大部分的反射动作都会消失，只保留存活必要的动作，例如呼吸、心跳等。直到手术结束，身体将麻醉药物代谢排除之后，动物才会慢慢苏醒，并恢复到正常状态。

毛爸妈只要选择设备齐全的动物医院，并由受过完整训练、经验丰富的宠物医生来执行麻醉，大部分的麻醉过程都是很安全的。

那么，为什么手术前要评估麻醉风险呢？其实是因为在全身麻醉的状态下，身体的血液循环多少都会受到一些影响，心跳、呼吸都会变慢，血压也可能会降低，这时如果毛孩身体有一些疾病，就可能在循环变差的状态下变得更严重。下表列举了几个有关麻醉风险的重点评估器官。

除了表中列举的几个重要器官的疾病之外，毛孩身体还有很多疾病可能会导致麻醉存在风险，所以手术前一定要先做好详细的检查，才能确保麻醉的安全。肝病、肾病及贫血的问题可以通过血液检查得知；呼吸道的问题则可以通过X线检查来评估；心脏相关疾病则建议除了X线检查之外，还要加做心脏超声波检查，才能完整评估心脏的功能；如果有心律不齐的情况，甚至还需要加做心电图检查。

一般而言，年轻动物罹患这些疾病的概率比较小，所以通常只需要在术前验血就可以大概评估麻醉风险。但如果是8岁以上的老年猫、狗，依照个别情况，可能就会需要更完整的检查来确保麻醉的安全。只有让宠物医生在麻醉前完整了解毛孩的身体状况，才能做好万全的准备，让手术平安顺利。🐾

重点评估器官	麻醉风险
肾脏	肾脏是需要大量血液供应的器官，如果毛孩本身已经有肾脏病，在麻醉状态下血压下降，就可能会造成肾脏的血液供应不足，进一步让肾脏病恶化，严重的情况甚至可能造成急性肾衰竭
呼吸道	呼吸道包含喉部、气管、支气管及肺脏等，健康的呼吸道是确保毛孩能有足够氧气供应全身的关键。如果毛孩已经患有肺癌、肺炎、肺水肿、胸水等疾病，存在呼吸困难，氧气交换功能变差等问题，此时接受全身麻醉的风险就会大大提高，甚至有可能因为缺氧而死亡
心脏	患有心脏病的毛孩，平常的血液循环就比较差，在麻醉状态下可能就更难维持正常的血压。严重的情况下，甚至可能在麻醉中出现心力衰竭、肺积水等并发症，造成死亡
贫血	大部分的手术或多或少都会造成伤口流血，即便有良好的止血设备，身体还是可能会流失少量的血液，因此如果毛孩本来就有严重贫血的问题，手术中的失血可能会让毛孩雪上加霜。严重贫血代表血液中的红细胞不足，无法有效将氧气和养分运送到全身器官，极端严重的情况下有可能会造成多重器官衰竭，甚至死亡
肝脏	肝脏是身体新陈代谢的重要器官，很多药物都必须靠肝脏代谢来排除，麻醉相关的药物也一样。如果毛孩的肝脏有严重的疾病，造成黄疸甚至肝脏衰竭，此时毛孩身体代谢药物的能力就会非常差，有可能会导致麻醉苏醒非常缓慢，甚至可能造成药物过量

+ BASIC +

基本入门

什么是液体麻醉？什么是气体麻醉？哪个比较安全？

要让动物从清醒状态进入到全身麻醉，需要使用麻醉药物。麻醉药物有很多种，主要可以分为注射型和吸入型两大类。如果动物在整个麻醉过程中，由清醒到麻醉再到苏醒，全程都只使用注射型的麻醉药物，这种类型的麻醉就称为"液体麻醉"。如果动物大部分的麻醉过程都是使用吸入型的气体麻醉药物来维持麻醉状态，这种类型的麻醉就称为"气体麻醉"。

　　液体麻醉的优点是便宜、快速、方便，只要打一针就能让毛孩昏睡几十分钟，足够完成大部分常规的手术，既不需要特别的麻醉设备，也不需要插管等复杂操作，还可以以比较低廉的手术费为毛孩提供必需的治疗。然而，液体麻醉也有很多缺点，最大的缺点就是打入的药物不能回收、不能暂停。如果毛孩在麻醉过程中发生了什么问题，我们无法立即停止麻醉让毛孩恢复意识，必须等毛孩的身体慢慢将药物代谢，麻醉的效果才会结束，那么一旦发生意外，液体麻醉会是比较危险的。并且液体麻醉必须倚赖毛孩的身体代谢排除，如果毛孩的肝肾功能不足，一不小心就可能造成麻醉药物过量，甚至导致死亡。而且液体麻醉不容易维持稳定的麻醉深度，在麻醉过程中如果药物浓度不足，有可能会感受到疼痛，苏醒的过程也比较不舒服，加上因为液体麻醉没有插管提供充足的氧气，毛孩有可能不慎缺氧、窒息，相对来说是比较危险的。

　　因此目前不管是人医还是兽医，麻醉方式都是以气体麻醉为主。气体麻醉是由吸入性的麻醉气体来维持，由肺部吸收进入血液，也由肺部排出；在麻醉时不需要给予很高浓度的麻醉气体，只要让毛孩每一次呼吸都吸到足以维持麻醉的浓度，就能长时间维持在稳定的麻醉深度。且当有紧急状况需要立即停止麻醉的时候，只要停止供应麻醉气体，毛孩很快就能苏醒过来，相较液体麻醉安全许多。此外，气体麻醉通常会以气管插管的方式进行，除了能确保麻醉气体顺利进入毛孩体内之外，也能确保毛孩的呼吸道畅通，得到充足的氧气供应，避免毛孩因为麻醉过深或呼吸道被压迫，而造成意外窒息，这对于麻醉的安全性又是另一层保障。

　　不过，气体麻醉也并非从头到尾都只使用气体。在进入稳定的气体麻醉之前，必须要让毛孩从清醒状态进入到可以接受插管的睡眠状态，否则在清醒状态下是不可能把一根管子插入毛孩的气管里面的，这段由清醒到失去意识并能够插管的过程，我们称为"麻醉诱导"。麻醉诱导通常都是使用低剂量、短效的液体麻醉药物来完成，让毛孩可以不知不觉地进入麻醉状态，再由气体麻醉接手维持。这样的好处是可以减少毛孩的紧张不适，避免毛孩恐惧挣扎，也避免它们在失去意识的过程中不慎窒息。如果不使用液体麻醉导入，直接用面罩强迫清醒的毛孩吸入麻醉气体，毛孩会有比较长的一段时间处于恐惧并且想要挣脱面罩的状态，在失去意识的过程中，也有可能会因为失去自主呼吸而不慎窒息，是相对比较危险的方式，目前在国际上已经不被建议使用了。

液体麻醉	气体麻醉
以静脉注射快速起效，使动物迅速达到麻醉状态	需要麻醉诱导，一段时间后进入麻醉状态
肌内注射方便，适合户外设备不齐全时使用	需要气体麻醉机和完整管路，设备环境要求较高
价格低廉	成本较高
除了有些麻醉药物有解剂外，大部分注射的药物无法暂停作用，危险性较高	一旦有问题可以立刻暂停麻醉，让动物苏醒，较安全
手术中无法调整麻醉深度，无法依据动物身体变化调整	手术中可随时调整麻醉深度，并依据生理数值变化调整
高度仰赖动物的肝肾代谢麻醉药物，肝肾功能差的动物较危险	以肺脏呼吸将麻醉药物排出，对肝肾负担较小
没有插管，无法确保动物的呼吸道畅通，无法辅助动物呼吸	插管给予麻醉气体同时确保氧气供应，可以随时调整动物的呼吸状况
动物从麻醉中苏醒的过程比较不舒服	动物从麻醉中苏醒的过程较平顺

　　手术麻醉是毛孩的人生大事，尤其年纪大的毛孩，风险会相对提高，所以一定要选择对它们最安全的麻醉方式。气体麻醉由于仪器和耗材的成本较高，收费自然没有液体麻醉那么便宜，但多花一点小钱，选择设备完善、仪器精良的动物医院，使用相对安全的气体麻醉，并做好完整的麻醉监控，对于毛孩的安全较有保障。🐾

听说西药比较伤身，中药比较温和，我应该选中医还是西医呢？

最近10年中兽医蓬勃发展，很多动物医院都开始提供中医医疗的服务，包括针灸、中草药治疗等。多数人对中医的印象为中药没有副作用、比较温和，可以改善整个身体的体质，并为身体带来长远的帮助。相对来说，西药就常被人认为是头痛医头、脚痛医脚，好像治标不治本，又有很多副作用，比较伤身体等。所以很多毛爸妈在老年毛孩遇到大病的时候，都会倾向于选择中医而拒绝西医。但是，中医是不是真的这么完美？西医又是不是真的这么不堪呢？

事实上，中医和西医当然各有各的优缺点，也各自有各自擅长的领域。我虽然是一名宠物西医，但也经常跟中兽医同行们交流知识。其实一位好的中兽医绝对了解中医的极限在哪里，他们也经常会在治疗计划中搭配西药的辅助，来达到中西合璧的效果。那中药和西药最大的差异在哪呢？以大家最熟悉的概念来说，西药见效一般都会比较快速，通常在服药几天内就会看到立竿见影的效果。而中医包括中草药治疗和针灸等，通常都不是一次到位，而是需要数周到几个月的持续治疗，慢慢调整身体体质，才能看到明显的效果。所以简单来说，中医比较擅长的领域是不会立即有生命危险、有时间长期调养的慢性病，例如皮肤病、神经疾病、慢性关节炎、慢性肠胃疾病、免疫性疾病等。而反过来说，如果毛孩罹患的是立即有生命危险的疾病，例如心力衰竭、急性肾衰竭、器官破裂等，因为在短时间内就有可能死亡，所以必须要赶快使用西药强力介入，才能赶快把毛孩从鬼门关拉回来，这时就不适合用中药慢慢调养了。

"但是西药不是有很多副作用吗？我选中药就是不想要副作用呀！"

其实不是每种西药都有明显的副作用，也不是每种中药都完全没有副作用。只要是快速见效的药物，即便是中药也是会有副作用的，只是很多中药的效果都比较慢，所以副作用看起来就没那么明显。所谓的"药性温和"虽然听起来副作用少，但反过来说也可能代表药效不明显，症状改善得比较慢。

越是强效、速效的药物，副作用就有可能越明显，而身为医生的我们要做的事情就是依照疾病的轻重缓急，在权衡利弊之下，选择最有效的药物，并且把副作用控制在可接受的范围内。

中医和西医各有它们擅长的领域，所以针对不同疾病的治疗我们可以参考不同医生的意见，来选择最适当的方式。对于立即有生命危险的疾病，例如心脏病和癌症，一旦错过治疗时机，就很有可能无法挽回毛孩的生命，这类疾病我就会建议毛爸妈务必要选择专科的西医来咨询治疗。

而如果是慢性的皮肤病、过敏、肠胃不适、关节疼痛这类不会立即有危险的疾病，就可以考虑咨询可靠的中兽医，用半年或1年的时间慢慢调整体质，来改善整个身体的健康。

当然，每个毛孩的病情和身体状况都不一样。如果仍有疑虑，或想寻求其他意见，可以去不同的医院咨询不同的宠物医生，也可以放心跟医生讨论其他医生的治疗方式，来选择最适合自家毛孩的治疗计划。千万不要在网络上道听途说、擅自用药，最后反而害了毛孩就不好了。🐾

毛孩常见疾病

COMMON DISEASE

　　走进宠物医生的诊疗室，了解毛爸妈最常遇到的问题，并让宠物医生为你解答毛孩行为异常背后的原因；以一问一答的方式，带你认识传染病、皮肤病、呼吸道疾病等常见疾病的基础知识、预防方式及治疗对策；带你从日常生活中，看懂毛孩的生理预警信号、生病信号，并及时作出反应，让毛孩远离疾病的威胁。

传染病

狗狗的疫苗通常多久打一次？

2020年是新型冠状病毒感染大流行的一年，大家最引颈企待的就是疫苗的上市能够阻止病毒继续扩散。没有疫苗的时候大家才知道病毒有多可怕，而毛孩有疫苗可以打，当然一定要赶快去打。

一般来说，狗狗在6～8周龄的时候，就建议去施打第一针幼犬疫苗，接着每个月补强一剂，最后一剂是在15～17周龄的时候，所以第1年通常会施打3针，才算是完成1岁前的疫苗计划。之后就每年补强一剂，以提供完整的抗体保护。

狗狗的疫苗常见有五联、七联、八联甚至十联疫苗，通常在6～8周龄的第一针会施打的是最核心的五联疫苗，可以让狗狗的身体产生包括犬细小病毒性肠炎、犬瘟热、犬传染性肝炎、犬副流感及犬传染性支气管炎5种重要疾病的抗体。

不过由于年幼的狗狗身上可能会有一些从狗妈妈身上带来的移行抗体，会削弱疫苗的效果，因此需要每隔3～4周再补强疫苗的效力。通常第二针之后就会改为施打七联、八联或十联疫苗，增加的项目包括预防犬冠状病毒肠炎，以及各种不同血清型的钩端螺旋体病（联数越多的组合，包含的血清型就越多）。

此外，防疫部门还规定狗狗每年都必须施打一剂狂犬病疫苗，虽然狂犬病现在已经很少遇到，但在野生动物身上，例如鼬獾还偶尔会出现病患。由于这个疾病也会传到人身上，而且致死率非常高，所以还是不能掉以轻心，有效地预防狂犬病还是非常重要的。*🐾

---

* 部分疫苗大陆和台湾存在差异，具体情况请咨询当地医生。

猫猫的疫苗通常多久打一次？如果猫猫不出门也要打吗？

以猫猫来说，它们也是在6~8周龄的时候开始施打最重要的核心疫苗，之后每隔3~4周补强一剂，直到16周龄，完成第1年的基础免疫。最重要的核心疫苗通常是三联疫苗，包含猫疱疹病毒、猫杯状病毒和猫瘟病毒，共3种。

不过很多毛爸妈可能也听过四联或五联疫苗，这两种疫苗分别多预防了猫衣原体感染和猫白血病这两种疾病，那为什么不是每只猫猫都建议直接施打涵盖范围更广的五联疫苗呢？这是因为有些五联疫苗所含的佐剂已经被发现可能会在注射之后刺激猫猫的皮下组织，使得猫猫有比较高的风险长出非常恶性的"猫注射部位肉瘤（Feline injection site-associated sarcoma，FISS）"，这种肿瘤会快速侵犯周边的组织，甚至侵蚀到骨头内，非常难以切除，是一种极其可怕的恶性肿瘤。

因此，为了避免增加猫猫发生这种肿瘤的风险，我们可以将猫猫分为"低传染病风险"和"高传染病风险"两种族群。如果家中只有一只猫，而且猫猫不会外出的话，它感染到传染病的风险通常是比较低的，所以在第1年建立了基础免疫之后，只要每隔3年补强一次三联核心疫苗就可以了。

但如果是多猫家庭，或者猫猫时常跑到户外玩耍的话，就需要每年施打四联疫苗、猫白血病疫苗和狂犬病疫苗了。其中猫白血病疫苗和狂犬病疫苗的佐剂都被认为有比较高的风险引发肿瘤，因此目前这两种疫苗都已经推出无佐剂的版本，不过因为价格比较昂贵，并不是每间动物医院都有无佐剂疫苗可供施打，细心的毛爸妈在约诊时记得要先打电话向宠物医生询问。🐾

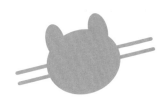

有没有明确的疫苗时间表可以参考呢？

幼犬、幼猫的免疫系统还没发育健全，对传染病的抵抗力不足，很容易就会被病毒感染。如果家中的毛孩不到4个月大，又还没施打完第1年完整的基础疫苗计划的话，是不适合出门散步，更不适合接触其他毛孩的。

这些病毒通常会通过已经患病的猫、狗传播，但也可能潜藏在被粪便或飞沫污染的环境当中，当毛孩对周遭事物好奇地到处舔咬、嗅闻时，很容易不小心就感染了。因此，还没打完第1年疫苗的毛孩，毛爸妈一定只能让它们待在家里，并且保持家中环境整洁，才能保持它们的健康。

详细的疫苗计划可以参考以下这个表格。🐾

剂次	接种时间	疫苗各类		
		狗	低风险猫（单猫家庭、室内猫）	高风险猫（多猫家庭、室外猫）
第一剂	6~8周龄	幼犬五联	三联	三联
第二剂	10~12周龄	七联、八联或十联	三联	四联+［猫白血病］
第三剂	14~16周龄	七联、八联或十联+［狂犬病］	三联+［狂犬病］	四联+［猫白血病］+［狂犬病］
补强剂	1岁后	七联、八联或十联+［狂犬病］（每年一次）	三联（每3年一次）	四联+［猫白血病］+［狂犬病］（每年一次）

（注：猫白血病疫苗及狂犬病疫苗建议选用无佐剂版本。）

我家狗狗2个月大，上礼拜带它出去玩之后，这几天突然开始狂拉鲜血，怎么会这样？

幼犬因为免疫系统还没建立完全，对身体的保护效果不足，很容易受到外界病原的感染，如果突然开始狂拉鲜血，有可能是被传染了犬细小病毒性肠炎（Canine parvoviral enteritis）。

犬细小病毒性肠炎是由犬细小病毒（Canine parvovirus）感染所引起，这个病毒会攻击肠胃道、白细胞及心脏，造成严重的下痢、血痢（拉鲜血）、频繁呕吐、食欲及精神不振等。而在反复吐、拉的过程中，毛孩的身体会丧失大量血液和水分，造成严重贫血和脱水，食物的养分也无法好好地被吸收，再加上生病的毛孩通常都精神萎靡、不肯吃饭，因此只要几天的时间就会让身体状况急转直下。

幼犬如果无法摄取营养又严重吐、拉，很容易出现低血糖的问题，而血糖过低可能会造成毛孩昏迷、抽搐甚至死亡，因此犬细小病毒性肠炎如果没有治疗，死亡率是很高的，可以在短短几天到1个星期内就夺走毛孩的性命，非常可怕！

由于犬细小病毒性肠炎的症状来得又急又快，一旦发现一定要赶快带毛孩去看医生。虽然病毒性肠炎没有特效药，但是宠物医生可以用点滴输液、止吐止泻、灌食，甚至是静脉营养注射的方式来给予支持治疗，维持毛孩的身体机能。一般来说，如果毛孩能撑过住院7～10天的时间，身体的免疫系统就能够慢慢把病毒清除，直到完全康复。🐾

该怎么预防犬细小病毒性肠炎呢？

针对病毒性的传染病，最好的保护方法就是施打疫苗。犬细小病毒性肠炎疫苗是重要的核心疫苗之一，市面上的幼犬疫苗、七联、八联或十联疫苗，都是涵盖了这个疾病的疫苗，只要按照宠物医生的建议准时施打，就能够有效预防该传染病，为毛孩提供完整的保护。

犬细小病毒性肠炎是一种传染力很强的传染病，通常通过病患的粪便或粪便的污染物传染，所以要想避免被传染，最重要的就是要避免毛孩接触到可能被污染的物体。虽然我们可以很容易避免毛孩去接触其他狗狗的粪便，但如果是被粪便污染过的地面、墙壁或物品，一旦经过擦拭，就很有可能看不出表面残留的污秽。而狗狗在出门散步时经常会到处嗅闻或舔拭地板，不小心就很容易把表面的病毒吃进肚，所以带狗狗出门散步的时候，最好能注意并制止它们乱吃、乱舔。

如果家中有毛孩确诊犬细小病毒性肠炎，一定要跟家里其他狗狗、猫猫隔离，病患用过的外出笼、接触过的东西都要彻底清洁消毒，沾过病患呕吐物和粪便的东西最好直接丢掉，以免不慎传染给其他毛孩。

幼犬如果还没完成完整的疫苗施打，在免疫系统还不健全的情况下，就不应该带它们出门散步，更应该避免它们接触其他陌生狗狗，例如到狗公园玩、参加宠物展、参加宠物聚会等。毕竟有些成犬可能已经有完整的保护力，不会受到病毒感染，但对于免疫力不足的幼犬，如果不慎接触到病毒，就有可能会成为危及生命的大问题。🐾

我家3个月大的小小猫一直打喷嚏、流鼻水，还泪眼汪汪，该怎么办？

很多猫猫都有打喷嚏、流鼻水的问题，很像人类的感冒症状，不管是幼猫还是老年猫都有可能发生。这类症状不仅是毛爸妈最常遇到的问题之一，也是宠物医生在门诊中常遇到的病患问题。造成这些症状最常见的原因就是疱疹病毒感染（Herpes virus infection），猫猫感染该病毒不仅会打喷嚏、鼻塞、流鼻水，还常会同时出现眼睛发红、流眼泪等症状。

疱疹病毒感染跟感冒一样，最容易在身体免疫力差的时候发病，例如罹患慢性病的猫猫，或是长期处于紧张、焦虑、压力状态下的猫猫，都会比较容易发病。疱疹病毒感染程度有轻有重，轻微感染的病例可能会自行痊愈，或在使用抗病毒药物治疗1～2周后症状慢慢缓解；比较严重的病例则有可能并发细菌感染，或是发生严重结膜炎，甚至导致角膜溃疡等。

比较难解决的是，即使症状消失，疱疹病毒还是会潜伏在身体的三叉神经里面，等猫猫身体免疫力变差的时候再伺机而动，并没有办法完全被清除干净，所以如果身体状况不好的猫猫，就有可能会反复发病。因此，平常就要避免造成猫猫过多的压力。如果猫猫的个性比较容易紧张，就要避免家中经常出现陌生访客，也要尽量避免换环境，或是避免其他狗狗、小孩吓到猫猫。

以往，许多人给猫猫补充赖氨酸以抑制疱疹病毒的繁殖，在宠物医生们的治疗经验中，也有蛮多类似的案例，效果还不错。然而，在2015年有一篇研究论文发表，该论文认为赖氨酸对于抑制疱疹病毒繁殖可能是没有效果，也没有科学证据的，因此这篇论文建议宠物医生们停止使用赖氨酸。不过由于这篇论文的研究结果跟多数宠物医生的经验有落差，因此在兽医界还没有达成共识。另外在严重感染的情况下，有时宠物医生也会选用针对疱疹病毒的抗病毒药物来治疗，只要遵照宠物医生的指示服用，通常都有不错的效果。🐾

医生说我家狗狗感染了心丝虫，那是什么？

心丝虫是一种寄生在毛孩心脏血管里的寄生虫，比较常见于狗狗身上，但是猫猫也有可能罹患。心丝虫主要通过蚊子传染，其将幼虫感染到毛孩体内，并在毛孩体内经过6个月的时间慢慢长成成虫。

成熟的心丝虫会寄生在肺动脉及心脏里面，当这些虫繁殖得越来越多，就会影响血液循环，造成肺动脉高血压、肺动脉变粗、心脏扩张；也可能会造成咳嗽、体力变差、消瘦等。严重的心丝虫感染也有可能会造成心力衰竭，使得身体的水分蓄积在肚子或胸腔里，造成胸水、腹水、腹部胀大、全身水肿等。

如果心丝虫的数量太多，阻碍了心脏瓣膜的运动，甚至阻塞大静脉的话，就有可能会造成红细胞被严重破坏，而导致急性溶血、贫血的问题，这种情况被称为"腔静脉综合征（Caval syndrome）"。此时的狗狗可能会变得很虚弱、喘气，尿液变成咖啡色，如果不赶快治疗的话，狗狗可能在几天内就会死亡。心丝虫病是一种非常可怕的疾病。

目前诊断心丝虫的方式大多是使用快筛套组来检验，而且通常用的是和其他传染病合并检验的四合一快筛套组，只要抽取少量的血液样本，10分钟内就能够检验出来，非常方便。如果狗狗定期做健康检查，可以询问宠物医生是否需要把这个四合一快筛列为健康检查项目之一。

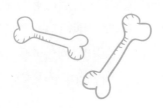

心丝虫病可以预防吗？

　　针对心丝虫病，目前市面上已经有多种不同的预防药物可以使用，传统的有每个月服用一次的肉块、药锭；如果毛孩很难喂药，也可以选择1个月1次滴在皮肤上的滴剂，避免喂药的麻烦。

　　而近几年比较新的口服药物甚至只要每3个月服用一次，就能有效预防好几种不同的寄生虫，相当方便。更长效的也有1年打一次的预防针剂，可以在每年打疫苗时跟其他疫苗一起定期施打，保护狗狗一整年不被心丝虫感染。

　　如果没有做好预防而不幸被感染，宠物医生就需要使用一些杀虫的针剂来治疗，但整个疗程的时间和费用会比预防所花费的高出许多，也比较容易留下后遗症，因此毛爸妈们还是尽量以预防为主，预防胜于治疗。🐾

如果狗狗不小心感染了心丝虫，要怎么治疗呢？

　　如果狗狗不小心感染了心丝虫，可以用打针的方式注射杀虫药物，把寄生在体内的心丝虫杀死。不过要注意的是，这种药物只能杀死已经成熟的心丝虫成虫，对于幼虫是没有效果的，所以通常会建议在第一次打针之前，给予2个月的口服杀幼虫药物，来清除还没长大的幼虫，等剩下半成熟的虫完全成熟之后，就可以接着用针剂来杀灭成虫。

一般来说，打完第一针杀虫针后，隔1个月还会再打第二针，并在第二针后的隔天再补强第三针，确保大部分体内的成虫都被杀死。根据统计，如果只打两针杀虫针，只能杀灭90%的成虫；但如果能打完完整的3针，就可以清除高达98%的成虫，所以目前标准的治疗都是建议打完3针。

在打完3针杀虫针后的第1个月和第9个月，宠物医生会建议复诊，检查是否还有心丝虫存在身体内。如果打完3针之后第9个月还呈现阳性反应，就表示心丝虫没有被完全清干净，需要重新再进行一次杀虫治疗，所以毛爸妈一定要乖乖配合宠物医生的指示，做好完整的治疗，才不会事倍功半。

此外，有些比较严重的心丝虫感染还可能会造成心血管结构被破坏，以及肺动脉高压或心力衰竭的问题，这时候就要配合一些心脏药物做治疗。所以除了杀虫之外，宠物医生通常会建议毛孩一并做心脏相关的检查，例如X线检查和心脏超声波检查等来评估心脏功能，确认是否需要其他药物来辅助改善心脏功能。

这些严重的病例往往都会留下心血管的后遗症，即使成功杀虫也没有办法让心脏完全恢复正常功能，甚至可能要一辈子服用心脏药物，所以毛爸妈还是要乖乖帮毛孩做好预防，才不会后悔莫及。

如果是极端严重的末期病例，因心丝虫数量太多而阻塞了大静脉，进而引发腔静脉综合征的话，毛孩就有可能存在生命危险，此时就需要紧急手术将心丝虫取出，让血管恢复畅通。宠物医生会用一条很长的夹子经由颈静脉伸到心脏里面，把心脏内的虫夹出来。在这种情况下进行侵入血管的手术，麻醉风险会比较高，且毛孩的身体状况已经很差，有时毛孩甚至会在手术当中死亡，非常危险，因此千万不要拖到这么严重才看医生。🐾

我家狗狗才2个月大，最近发现它一直在咳嗽，是感冒了吗？

一般人听到咳嗽首先想到的是感冒，许多感冒是流感病毒造成的上呼吸道感染，但对幼犬来说，细菌性的感染也经常会造成咳嗽。幼犬因为免疫系统还没发育完全，在还没打完疫苗之前，容易感染到犬瘟热（Canine distemper）或犬舍咳（Kennel cough），这两种疾病都会造成呼吸道的发炎，因而出现咳嗽的症状。

犬舍咳泛指各种感染性的支气管炎，常见的致病原是博德氏杆菌和波氏杆菌，但其他病原的感染也有可能造成犬舍咳，甚至有可能是多种病原合并感染。这种疾病通常可以靠狗狗的免疫系统自己慢慢痊愈，但在年纪小的狗狗免疫系统还不健全时，如果没有好好照顾，也可能会越来越恶化。除了咳嗽之外，犬舍咳也可能造成打喷嚏、流鼻水、精神食欲变差等。

另一种可怕的疾病就是犬瘟热，犬瘟热是由病毒感染引发的，除了造成咳嗽外，还常出现发烧、拉肚子，甚至癫痫、肌肉不正常抽动等神经症状，而且没有特效药能治疗，只能给一些缓解症状的药物，打点滴补充身体的水分、电解质，让毛孩靠自己的免疫系统对抗病毒，因此死亡率非常高，千万要小心预防。

幼犬的免疫系统还没发育完全，要想避免它们感染犬瘟热或犬舍咳，可以依照建议定期施打疫苗。犬瘟热和犬舍咳都是基本的犬五联、七联疫苗能有效预防的疾病，在狗狗满1岁之前，宠物医生会依照个别情况建议施打2~3剂疫苗。而在疫苗全部打完之前，建议不要带狗狗出门散步，以免接触到其他带有病毒的动物，或者不小心沾染了其他带病毒狗狗的排泄物而被传染。像宠物展那种会有大量人潮和宠物聚集的活动，毛爸妈更是不能带幼犬去参加，不然感染到传染病的概率是非常高的。🐾

我家狗狗常常在抓痒，是不是身上有跳蚤？

瘙痒是狗狗最常见的皮肤问题之一，也是皮肤门诊中就诊率最高的一种疾病。造成皮肤瘙痒的疾病不胜枚举，一半以上的皮肤病都会造成不同程度的瘙痒症状。如果平时疏于清洁和预防，体外寄生虫感染造成的瘙痒是很常见的，尤其是跳蚤感染，当它们在狗狗的皮肤表面和毛发之间穿梭时就会造成瘙痒的状况，它们也可能叮咬狗狗的皮肤，造成皮肤红肿甚至过敏。

更糟的是，狗狗可能会把这些跳蚤带到家中，使它们藏身在家里的环境中，再去叮咬家中其他毛孩或人。所以如果发现狗狗身上有跳蚤，很有可能毛爸妈自己也已经被跳蚤叮咬，这时除了要帮狗狗做除蚤之外，家中的环境也需要一番大扫除，才能斩草除根。

除了跳蚤之外，另一种感染后会造成严重瘙痒的体外寄生虫就是疥螨（Sarcoptid mite）。这种虫的传染力很强，会在皮肤表层"挖隧道"，钻到皮肤下方，在全身的皮肤底下四处乱钻，造成狗狗极度的瘙痒。疥螨感染也是人畜共通的疾病，除了同居的狗狗可能被传染之外，它们也会跑到人身上造成明显瘙痒、红疹等。所以如果已经做好跳蚤预防，家中环境也确实完成了除蚤，但家人、毛孩还是一起发痒的话，可能就要检查是否为疥螨感染了。

皮肤病常常是由体外寄生虫造成的，所以定期预防体外寄生虫是非常重要的。现在市面上有各种不同的体外寄生虫预防产品，每1~3个月使用一次就可以有效预防跳蚤、壁虱、疥螨等，非常方便有效，所以这笔钱千万不能省，不然搞得全家人和毛孩都被叮咬，就得不偿失了。🐾

医生说我家狗狗有特应性皮炎，那是什么？

特应性皮炎（Atopic dermatitis）是身体的免疫系统对环境中过敏原产生的过敏反应，会造成皮肤红肿发炎，使得狗狗全身发痒。常见的过敏原包括花粉、尘螨、皮屑、食物、跳蚤等，这些都可能造成特应性皮炎。特应性皮炎是有遗传性的，黄金猎犬、拉布拉多、西高地白梗、斗牛犬等属于比较好发的犬种，而且除了这些好发犬种，几乎所有犬种都有可能发生。

如果狗狗有特应性皮炎的问题，毛爸妈常常会看到它们不停地用脚爪抓自己的身体，或者用嘴巴舔、咬身上的皮肤，甚至是躺在地上打滚，企图靠摩擦地板来止痒。然而，不管是抓、舔或咬都会对皮肤造成更多的伤害，这些狗狗把自己身上的毛都咬掉，或抓痒时在皮肤上留下伤口，指甲上的细菌或霉菌就有可能借此入侵，进一步造成脓皮病或其他感染问题，反而让皮肤病更难控制。

狗狗过敏的原因常常来自于生活环境，所以家中的环境要常常打扫，减少环境中的过敏原。有些花粉、尘螨可能会飘在空气当中，造成狗狗过敏，因此家里可以使用空气清净机、除湿机等来改善家中空气质量，减少湿气，避免过敏原堆积。已经有研究证明，Omega-3鱼油及相关的产品可以改善皮肤发炎的情况。因此，如果是长期皮肤不好的狗狗，也可以定期给它们补充这类营养品，做好皮肤的保养。🐾

我要怎样才能知道我家狗狗只是无聊抓痒，还是真的已经得了皮肤病呢？

毛爸妈如果发现狗狗抓痒的次数变得频繁，甚至一有空就抓痒的话，它们可能已经有皮肤病的问题。皮肤病虽然不会立即有生命危险，但也要尽早带它们去看医生。想象如果是你自己全身过敏发痒，其实是非常难受且影响生活质量的。

宠物医生可以帮忙尽早找到病因，给予消炎止痒的药物让狗狗的皮肤能够好好休息。如果拖太久不处理，拖延好几个月甚至1年以上，皮肤的伤害可能就会变成慢性不可逆的结果，那时候可能用再多的药物都无法挽救了。

其实不同皮肤疾病造成的瘙痒程度会有些不同，毛爸妈可以仔细观察一下狗狗抓痒的严重程度，通过简单的分级系统来帮助宠物医生正确诊断。

瘙痒程度

10	极度瘙痒	狗狗持续抓痒，即便命令或喝止，也无法让它停止抓痒，必须使用物理性的方法，例如用手制止才能让它停下来
8	严重瘙痒	痒的程度已经足以打断狗狗吃饭、睡觉、玩耍或运动。即使企图分散狗狗注意力，它还是持续在抓痒
6	中度瘙痒	一天当中会看到狗狗有几次抓痒的动作，尤其在晚上较多。但狗狗在吃饭、玩耍、运动或被其他东西分散注意力时就不会抓痒
4	轻微瘙痒	不常看到狗狗抓痒，它在吃饭、玩耍、运动或被其他东西分散注意力时也不会抓痒
2	只有非常轻微的痒	很偶尔才会看到狗狗抓痒
0	正常狗狗	完全不觉得皮肤痒

得皮肤病的狗狗要怎么照顾，才能好得比较快？

要避免皮肤病不断恶化，最重要的就是要避免狗狗把自己抓伤、咬伤，这时伊丽莎白颈圈（也有人昵称为"羞羞圈"）就非常重要。戴上颈圈可以让狗狗无法回头舔咬到自己的身体和四肢，也无法用脚爪抓伤自己的头部，大幅减少皮肤所受到的伤害。

狗狗刚开始戴上颈圈的时候可能会因为视线被遮挡，看不到周围的环境而碰撞到身边的物体，或是吃饭时有点不方便，不过它们通常都适应得很快，1~2天内就可以正常生活了。如果嫌塑料的伊丽莎白颈圈不太舒服的话，也可以选择其他柔软材质的颈圈，或是像一个很大的甜甜圈套在脖子上的颈圈，只要够大能够阻止它们回头舔咬，都能达到良好的效果。

颈圈除了在我们看着狗狗并有能力制止它抓痒时，可以脱下来休息之外，其他时间一定要戴在身上，才能有效避免它们舔咬。很多毛爸妈因为心疼狗狗而把颈圈拿掉，反而会让它们的皮肤病越拖越久，没有痊愈的一天。

除了戴颈圈之外，狗狗的皮肤、毛发都要尽量保持干净、干爽、通风。依照狗狗皮肤的状况，毛爸妈可以每星期帮它们洗澡清洁（有皮肤病的狗狗可能需要更频繁），除了可以洗掉细菌和脏污之外，也可以减少附着在它们身上的过敏原。

宠物医生也常常会视病情需要，建议得皮肤病的狗狗使用药浴，但是使用的次数和产品就必须要先请医生评估，并遵照医生的指示，千万不要自己乱买产品来使用，以免造成抗药性或让它们的肤质变得更脆弱。并且每次洗完澡要记得把它们的毛发吹干，尤其是长毛和厚毛的狗狗一定要记得吹到毛根的底部全干，否则潮湿的水汽会聚集在毛发的缝隙之间，造成细菌、霉菌的滋生。

我家狗狗的毛发越来越稀疏，好像秃头似的，怎么会这样？

脱毛（Alopecia）在狗狗的皮肤病中也是很常见的症状之一。如同我们在前一段瘙痒的部分所说，严重的瘙痒会造成狗狗不停地抓痒和舔咬，而这些动作会不断地拉扯毛发，把毛发扯掉，久而久之抓痒部位的毛发就会变得稀疏，甚至光秃一片。为了避免这种情况，我们已经说过，存在明显瘙痒症状的动物最好要戴伊丽莎白颈圈，并且赶快就诊治疗。一般来说如果瘙痒的情况没有持续太久，毛囊没有受到太多损伤的话，在妥善治疗、停止抓痒之后，毛发通常都能恢复原状。

然而，有些狗狗好像没有明显的抓痒动作，但毛发却越来越稀疏，轻轻一碰就掉落，或是剃毛之后长不回来，这是怎么一回事呢？

没有瘙痒症状的脱毛，通常是由内分泌疾病造成的。这种脱毛不是由于抓痒的动作把毛发扯掉，而是毛囊本身的生长周期出了问题。狗狗的毛发在正常情况下就会新陈代谢，不断地脱落再重新生长、汰旧换新。这个过程需要一些激素的刺激，才能够维持正常的毛发生长。其中甲状腺素就是一种很重要的刺激毛发生长的激素，如果狗狗的甲状腺素水平过低，毛囊就会一直处于静止期，使得毛发在脱落之后不能重新生长，皮肤表面就变得光秃秃的。

另一种造成脱毛的常见内分泌疾病就是肾上腺皮质功能亢进（Hyperadrenocorticism），这种疾病是由于肾上腺的糖皮质激素分泌过多造成的，糖皮质激素过多会使毛囊的静止期延长，一样会造成严重的脱毛问题。

瘙痒造成的脱毛通常集中在狗狗自己抓得到和舔得到的位置，例如腹部和四肢。而内分泌疾病是全身性的，所以内分泌问题造成的脱毛不像瘙痒那样集中在抓痒的区域，而可能出现在它们抓不到的位置，例如后颈部或背部，而且通常呈现对称性的双侧脱毛。

抓痒造成的脱毛通常可看到脱毛的区域有明显红肿、结痂，甚至伤口感染的情况；而内分泌问题造成的脱毛其皮肤看起来没有明显的发炎，像是自然脱落似的。有一些典型的脱毛特征，例如整条尾巴光秃秃完全没有毛，俗称"老鼠尾巴（Rat tail）"，这是甲状腺功能减退的狗狗常见的脱毛表现。🐾

狗狗掉毛好像也不会很不舒服，有需要特别去看医生吗？

SKIN
皮肤

狗狗毛发变得稀疏，很多毛爸妈可能常常不以为意，以为是狗狗年纪大了的正常现象，但其实正常动物并不会因为单纯老化而变得容易脱毛。如果发现狗狗脱毛，首先可以通过前面提过的瘙痒程度分级表（第46页），来评估是不是瘙痒的问题造成的掉毛，如果没有明显瘙痒，但是毛发却异常稀疏，就可能是内分泌问题造成的脱毛。不管是哪一种状况，都要及早看医生并对症下药，才能及时挽救它们美丽的秀发。

除了脱毛症状外，内分泌疾病往往还有一些其他系统的症状可以让我们发现，例如甲状腺功能减退的狗狗很容易出现肥胖、爱睡觉、活动力差、怕冷、心跳缓慢等症状，因此千万不要以为它们只是老了不爱动，而错失了治疗的机会。

至于库欣综合征（Cushing syndrome）除了脱毛外，还可能会让它们的尿量、喝水量都变得比较多，而且食欲过度旺盛，好像怎么吃都吃不饱似的。它们的腹部也会异常地膨大、下垂，很多毛爸妈都以为它们只是变胖了，但其实是糖皮质激素过多造成腹部肌肉松垮，如果有这些症状都应该好好注意。

内分泌疾病也可能会并发其他问题，例如库欣综合征可能会并发糖尿病、高血压、尿路感染等，所以毛爸妈千万不要以为狗狗只是毛发稀疏就疏忽大意，赶快咨询宠物医生、详细检查，才能够避免后续的更多问题。🐾

我家狗狗最近大便很困难，而且屁股肿了一个大包，但好像有时大有时小，摸起来软软的，那是什么东西？

肛门的周围到生殖器之间的区域，我们称为会阴部。这附近有一些骨盆的肌肉，用来支撑直肠及腹腔的器官，如果这些肌肉变得薄弱，无法有效支撑时，就会造成腹腔内的器官向外凸出，形成一个囊袋，在外观上就会看到一大包团块，称为会阴疝气（Perineal hernia）。会阴疝气虽然外观看起来像一个大肿瘤，但实际上里面通常是一些脂肪和腹腔内的器官，所以常常摸起来软软的。这些器官由于身体不同姿势，有时可能会有部分跑回腹腔内，就会使疝气的团块变小；而当屁股用力，例如大便、尿尿的时候，就容易把腹腔的器官推出来，使得疝气的团块再度变大。

会阴疝气除了会在屁股出现团块之外，通常也会有其他临床症状，而这些症状通常取决于跑出来的是哪些器官。例如最常脱出的器官就是直肠，由于少了肌肉的支撑，直肠内的粪便没有办法被顺利推出来，就会造成排便困难，同时这些粪便会不断累积在直肠内并持续吸收水分，造成大肠扩张并塞满干硬的粪块，使便秘的问题更加恶化。

除了直肠之外，膀胱也有可能会掉进这个囊袋里面，而同样因为这个囊袋没有足够的肌肉把尿液挤出，就会造成排尿困难，你可能会看到毛孩一直跑去蹲厕所，但都尿不出来。不过膀胱的容量毕竟有限，如果撑到一个极限，膀胱括约肌还是会抵挡不住而让尿液排出。但是这种因为尿液太多而漏出的状况不是毛孩自己能够控制的排尿，所以有一些毛爸妈会以为这是尿失禁的问题，其实可能是会阴疝气造成的。🐾

狗狗为什么会疝气？需要开刀吗？

　　造成会阴疝气的原因不明，但经过研究统计，已经确定这个疾病主要发生在老年猫、狗身上，通常高峰期在7~9岁，其中未结扎公犬是最常发生这个疾病的族群。如果怀疑毛孩有会阴疝气的问题，一定要带去动物医院给医生检查。除了触诊之外，最简单的方式就是用X线或超声波检查团块的内部，如果发现团块内有腹腔器官存在，就能够确诊为会阴疝气。

　　会阴疝气通常都要用手术的方式修补，如果疝气的洞口不大，通常只要用附近的肌肉把洞补起来就可以了。有些比较严重的病患，附近已经没有足够有力的肌肉，就可能需要使用手术补片来修补。由于统计发现未结扎公狗发生会阴疝气的概率特别高，可能是由于激素造成会阴部的肌肉变得脆弱，所以通常除了修补手术之外，医生也会建议没有结扎的狗狗一并结扎，避免将来复发。

　　虽然很多毛爸妈在发现毛孩屁股有团块的时候，可能都会想观察一阵子，不见得会第一时间就诊，但如果发现毛孩有严重疼痛、精神食欲不佳，以及团块发紫、发黑、冰冷的情况，就要赶快找宠物医生看病。因为这种情况可能是掉进囊袋的器官发生扭转或缺血导致的，通常需要紧急手术把器官复位，不然有可能会造成器官坏死、肠道穿孔等，严重的话可是会有生命危险的。

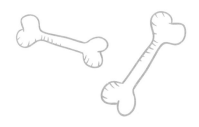

我家狗狗常常坐在地上磨屁股，这是为什么呢？

有时候我们会发现狗狗动不动就坐在地上磨屁股，虽然动作很可爱，但不知道它们为什么要这样做。其实这个动作通常代表它们觉得屁股很痒，想要通过摩擦地板来抓痒，而屁股痒最常见的原因就是肛门腺发炎、堵塞，分泌物蓄积在腺体里面无法顺利排出。

什么是肛门腺呢？肛门腺（Anal gland）是一对水滴状的腺体，位于肛门的两侧约4点钟和8点钟的方向，水滴状的囊袋构造可以储存肛门腺的分泌物，所以又称为肛门囊（Anal sac）（如右图）。除了狗狗之外，其实猫猫也有类似的构造。

肛门腺的作用是什么呢？肛门腺分泌的液体含有每只动物身体独特的信息素，会散发出属于它们的特殊气味，动物之间就是通过这些气味来辨别彼此。所以我们常常会看到不认识的狗狗在互相打招呼的时候去闻对方的屁屁，目的就是为了辨别对方的气味。

肛门腺在正常的情况下，其分泌物会在排泄时通过肛门的收缩随着大便排出，这些大便就能作为它们专属的标记，甚至有标示地盘的作用。这也是为什么每次遛狗遇到其他狗大便时，它们都会很认真地嗅闻一番。

然而，有时肛门腺的出口可能会被一些脏污堵塞，导致分泌物无法正常排出，堆积在肛门囊里面，就容易造成肛门腺红肿、发炎，此时狗狗就会觉得肛门周围很痒，而频繁地在地上磨屁股。但频繁地摩擦可能造成肛门附近的皮肤损伤，甚至把肛门囊磨破，造成穿孔、流血等，这时就需要去找宠物医生治疗了。🐾

+ SKIN +
皮肤

毛孩的肛门腺要怎么清洁呢？

一般正常情况下，如果毛孩的肛门腺分泌物能够顺利排出，就不需要特别去清洁。但如果毛孩已经出现磨屁股的情况，就可能代表肛门腺已经有轻微堵塞，甚至发炎，此时就需要毛爸妈帮它们把蓄积的分泌物挤出来。

挤肛门腺的方法很简单，如同前面所说，肛门腺位于肛门的4点钟和8点钟方向，出口是朝上进入直肠的，所以我们只要用一只手把毛孩的尾巴抬起来，另一只手用食指和大拇指摸到这两个位置，往皮肤里面按压，就可以感觉到两个鼓鼓的囊袋，再稍微用力把囊袋的分泌物往上挤，那些分泌物就会从肛门排出。

要注意的是，这些分泌物非常的臭，而且在挤的过程中可能会突然喷溅出来，所以挤肛门腺时，一定要先拿卫生纸垫在手上，并盖住肛门口后再挤，以免被分泌物喷得满身都是。如果有一次性的手套，戴上手套操作会更理想，不然臭味可是会跟着你一整天的。

如果肛门腺发炎已经严重到破裂、穿孔、流血时，就需要去医院就诊了。宠物医生通常都会用消毒药水帮毛孩清洁并消毒伤口，再将伤口上的烂肉和脏污移除，以免影响愈合。

之后就需要毛爸妈注意保持伤口清洁，每天在家消毒伤口2~3次（尤其是毛孩排泄之后），再配合抗生素治疗，通常2个星期左右就能够完全愈合。不过也有少部分反复发炎的严重病例可能需要手术摘除，这类情况就需要宠物医生针对毛孩的具体情况去做详细评估了。🐾

我家狗狗好像很容易舌头发紫，甚至有点发黑，怎么会这样？

毛孩舌头发蓝或发紫的现象我们称之为发绀（Cyanosis），有时蓝紫色可能会不明显，看起来像是发黑的颜色，这种情况通常都代表毛孩正处于缺氧状态。而严重的气管塌陷、气管异物、短吻犬综合征等，都可能造成毛孩缺氧。

很多小型犬都有气管塌陷的问题，尤其是约克夏梗、博美犬、吉娃娃犬等，它们的气管软骨松弛、黏膜松垂，造成气管无法维持正常圆形管道的形状，而变成扁平、狭窄的管道。有这种疾病的狗狗，平常可能很容易咳嗽，并发出像鹅叫声一样的干咳声。而当它们紧张、激动时，有可能会因为气管过于狭窄而变得呼吸困难，所以有可能会很喘，并出现舌头发紫的情况。

患有短吻犬综合征的狗狗，例如斗牛犬、北京犬等，常常会因为软腭过长、鼻孔过小而影响呼吸，再加上它们紧张、激动时可能会造成突然的喉头水肿，并出现缺氧、舌头发紫的情况，尤其在天气炎热的夏天要特别小心。

除了呼吸道阻塞外，严重的支气管和肺部疾病也有可能导致缺氧。例如猫的气喘（Feline asthma）和慢性支气管炎，会因为支气管的水肿或收缩、痉挛，导致支气管变得很狭窄，使得空气无法顺利进入肺部，造成缺氧。严重的肺部疾病，例如肺炎、肿瘤、肺纤维化等，则会因为肺泡被大量的脓汁、分泌物或肿瘤细胞填满，导致肺脏无法顺利地交换氧气而造成缺氧。

另外，肺水肿也是造成老年猫、狗缺氧的常见原因之一。通常是由于严重的心脏疾病导致心力衰竭，使得肺部的血液无法有效地回流到心脏，造成身体大量水分蓄积在肺泡里面，影响氧气交换。毛孩会感觉像溺水一样吸不到气，当然就会舌头发紫了。

除了这些常见的情况外，还有一些毛孩可能因为罹患了罕见的先天畸形而导致慢性缺氧，造成舌头长期都处于发紫的状态。这类畸形主要是心脏的结构缺损，或是血管没有正常发育，导致本来应该回收到肺脏去交换氧气的静脉血错误地跟供应全身器官的动脉血混合，导致全身血液都呈现缺氧的紫色。不过，这些毛孩虽然全身发紫，却有可能看不出明显的不舒服，可以正常生活吃喝。因为它们从一出生就习惯了这个缺氧状态，反而不见得会有明显的症状。

虽然舌头发紫是很糟糕的状况，但对某些狗狗来说也有可能是正常的，最常见的就是松狮犬，它们天生舌头看起来就黑黑紫紫的，还常常有大片的黑斑，但其实没有任何疾病，不必担心。🐾

发现毛孩舌头发紫，需要立刻看急诊吗？

舌头发紫通常都是很紧急的情况，就跟人类一样，突然的缺氧可能会导致舌头发紫、昏厥甚至死亡。所以如果发现毛孩有突然缺氧、呼吸困难的问题，一定要赶快送急诊，给它们足够的氧气治疗。

如果是不小心吸入异物，例如花生米等东西阻塞气管或喉咙，可以尝试海姆立克急救法，快速用力地按压肚子，试着把异物排出。如果是因为紧张激动而导致突然的呼吸困难，宠物医生有可能会给予镇静药物，让毛孩慢慢把呼吸的节奏调整过来，再配合氧气治疗就有可能改善。

如果是肺炎感染的问题，除了氧气之外还会给予抗生素治疗，将病原杀死，肺部的情况就能慢慢改善。如果是心脏病造成的肺水肿，光是氧气治疗可能不够，还应配合强而有力的利尿剂，尽快把肺部多余的水分排出，才能有效改善呼吸状况。

若毛孩被诊断出有严重的短吻犬综合征，应该考虑找有经验的医生帮它们手术矫正，使它们的呼吸能够恢复顺畅。严重的气管塌陷可以通过装置气管支架，将扁塌的气管撑起，避免再度阻塞。而如果是心力衰竭造成的肺水肿，就必须要长期服用心脏药物，包括强心剂、利尿剂等来维持心脏功能，避免肺水肿再度复发。🐾

* RESPIRATORY TRACT *

呼吸道

医生说我家狗狗有气管塌陷的问题，那是什么？

气管塌陷在很多中老年小型犬种中都会发生，其中约克夏梗占比最大，有报告指出光是约克夏梗就占了所有犬类气管塌陷病例的1/3～2/3。其他常见的品种还包括吉娃娃犬、博美犬、玩具贵宾犬、马尔济斯犬、巴哥犬等。

正常气管是一个有弹性的管子，由数个"C"形的半圆环状软骨串连起来将气管撑开。从剖面来看，管子的下方是"C"形软骨的部分，上方则是薄薄的气管黏膜。而气管塌陷（Tracheal collapse）指的就是这个"C"形软骨因为退化的关系（也有少数是先天性），导致所含的糖蛋白、软骨素等物质变少，支撑力慢慢下降而无法维持住"C"形，造成管子扁塌。

气管塌陷有的是局部的，有的是整个气管全部塌陷，有时也可能会连带影响到支气管跟着扁塌。当气管扁塌的时候，毛孩就会觉得吸气很不顺畅，好像我们喝珍珠奶茶时吸管被塞住一样，会想用力吹气把堵塞的东西吹出去，让吸管能够畅通，此时毛孩会做的事情就是用力咳嗽，试着把气管撑开。所以气管塌陷的狗狗最常出现的症状就是长期的干咳，而且毛爸妈常常会听到低沉又带有尖锐尾音的咳嗽声，很像鹅的叫声。

宠物医生通常会通过胸腔X线检查来诊断气管塌陷，而由于气管在吸气和吐气的状态下容易塌陷的位置不同，所以宠物医生通常会在不同时间点拍摄2～3张片子，看看气管在不同时间点的管径有没有变化。不过，由于气管塌陷是一个动态的过程，只靠X线检查有可能错过塌陷的时机而无法诊断，所以比较理想的诊断方法是用气管内视镜或透视摄影观察整个气管随着呼吸的动态变化，不仅能够避免不小心错过塌陷的时机，还能进一步针对严重程度分级。不过，这两种仪器都不是一般诊所常见的设备，不像X线检查那么普及，必须要找比较大型的医院才能做这类检查。🐾

RESPIRATORY TRACT

呼吸道

我该怎么知道我家狗狗的气管塌陷有多严重呢？

气管塌陷依照其严重程度可以分为四级（如下页图），第一级、第二级的气管塌陷大部分都能用药物良好控制，第三级的气管塌陷如果长期服用药物也能改善症状、维持生活质量。但如果狗狗的气管塌陷程度达到第四级，就有可能严重阻碍呼吸，除了咳嗽之外还可能会比较喘，尤其是紧张时甚至还有可能会出现呼吸困难的情况，这时就需要考虑植入气管支架来改善塌陷的问题。

然而，气管支架的手术需要特殊的技术，并不是每间动物医院都能做，手术的效果也因狗狗具体情况而异，毛爸妈还是要带狗狗给医生详细检查评估，才能选择对它最好的治疗。🐾

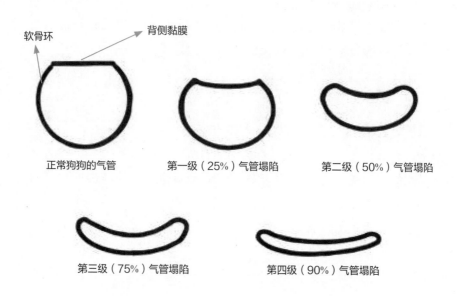

软骨环　　　　　　背侧黏膜

正常狗狗的气管　　　第一级（25%）气管塌陷　　　第二级（50%）气管塌陷

第三级（75%）气管塌陷　　　第四级（90%）气管塌陷

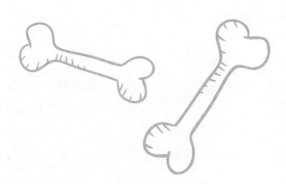

我家狗狗最近常常喘气，好像还发烧了，医生说它得了吸入性肺炎，那是什么呢？

吸入性肺炎（Aspiration pneumonia）通常是因为呛到、不慎吸入食物，食物中的细菌在肺脏里面繁殖，进而导致肺部严重的感染和发炎。轻微时可能只有咳嗽的症状，如果严重就可能造成大片肺叶的损伤，出现喘、呼吸困难等状况。

呛到造成吸入性肺炎的情况有可能是年轻狗狗吃东西太急而造成的，或者是毛爸妈强迫灌食时它们因为挣扎而不慎呛入。呛到也常发生在咽喉功能较差的动物身上，尤其短吻犬种包括斗牛犬、北京犬、巴哥犬等，它们因为平常呼吸已经比较不顺，吃东西就相对比较容易呛到。还有一些是本来有其他疾病，例如频繁呕吐、巨食道症或咽喉麻痹的动物，也会比较容易误将食物吸入呼吸道而造成肺炎。

如果狗狗每次吃饭都很狼吞虎咽，为了避免它们吃太快呛到，可以尝试少量多次的喂食方式，或者使用"慢食碗"来减慢它们吃饭的速度。另外也可以让它们玩一些益智玩具，必须经过游戏的挑战才能拿到零食，不仅能够减慢进食的速度，也可以训练它们变得更聪明。

短吻犬种如果呼吸时有很大的鼾声，明显呼吸不顺的话，可以带去让宠物医生评估是否需要做手术矫正异常的结构，这样既能改善呼吸也可避免呛到。

我家的斗牛犬鼾声好大，一直发出猪叫声，这样是正常的吗？

鼾声和猪叫声通常都是上呼吸道阻塞的表现，也就是鼻子、咽喉到颈部气管这一段的呼吸道出了问题。有些品种的狗狗鼻子长得特别短，我们称为短吻犬种（Brachycephalic breeds），包括法国斗牛犬、英国斗牛犬、巴哥犬、波士顿犬、西施犬、北京犬、拳师犬等。这类犬种从小在呼吸时就常常发出猪叫声或鼾声，这种情况往往都是短吻犬阻塞性呼吸道综合征（Brachycephalic obstructive airway syndrome，BOAS）的表现。

除了发出猪叫声之外，由于长期呼吸不顺，它们也会比较容易喘，无法承受剧烈运动。由于散热能力差，再加上呼吸费力又会增加体温，它们也很容易中暑或热衰竭。在呼吸不顺的同时，进食也会比较辛苦，除了前面说的容易呛到之外，因为吸气用力导致腹部压力较大、挤压胃部，它们也很容易呕吐和胃酸逆流，频繁地呕吐加上喘又更容易造成它们呛入食物。

BOAS是好几种先天性的结构异常组合在一起的结果，其实这样的疾病在原本的自然界并不常见，但是由于人类几百年来的育种筛选，刻意筛选基因让这类犬种的鼻子和上颚变得越来越短，导致脸部的所有结构必须挤在这个狭小的空间里，最终造成多种结构的畸形。

BOAS常见的结构异常包括鼻孔狭窄（鼻孔太小吸不到气）、鼻甲骨增生（鼻腔里面有所谓鼻甲骨的结构，鼻甲骨如果增生就可能阻碍气流）、舌根肥厚、软腭过长、喉小囊外翻（阻碍空气由咽喉进入气管）等，同时它们也常常有软骨发育不全的问题，可能导致喉头塌陷或气管发育不全，让呼吸更加困难。所以别看斗牛犬傻乎乎的样子，发出猪叫声好像很可爱，其实它们一直都在承受着呼吸困难的痛苦，非常可怜。🐾

我家斗牛犬常常喘气，要怎么照顾它比较好呢？

针对前面说到的有BOAS的狗狗，首先在生活上应该尽量避免它们过热，室内要注意通风、夏天要开电扇或冷气，外出散步也要注意气温，不要在大热天或中午出门，减少它们中暑的风险。另外脂肪堆积也会造成呼吸道的压迫而恶化阻塞的情况，尤其斗牛犬通常很贪吃，一定要好好控制它们的体重不要过胖。

当然，有BOAS情况的狗狗最好能带去给宠物医生评估，确认它们的严重程度是否已经达到需要手术矫正的标准。我们可以利用整形手术的方式帮它们把鼻孔扩大，矫正过长的软腭和外翻的喉小囊等，手术完就能有效改善鼾声的情况。也许有些短吻犬的毛爸妈会觉得鼻孔扩大之后狗狗会变得不好看、不可爱，但是有很多毛爸妈在狗狗手术完之后都会跟我们说，从来没见过它呼吸这么顺畅、睡得这么好、白天这么有精神的样子。

一个小小外观上的改变，就可以大幅改善它们的生活质量，是非常值得的。如果毛孩有需要的话，这种矫正手术其实越早做越好，可以让它们早点从呼吸困难的痛苦之中解脱，等拖到病情严重才来处理就麻烦了。🐾

我家老狗最近常常打喷嚏，还会流黄绿色的鼻涕，这也是感冒症状吗？

中老年猫、狗打喷嚏、流鼻涕、鼻子流脓，很多常常不是呼吸道疾病引起的，而是患上了一种叫作口鼻瘘（Oronasal fistula）的疾病。

有些毛孩的牙齿因为没有常常清洁，因而产生了严重的牙周病，造成牙根周围的组织破坏、流失。这种状况如果发生在上颚的大牙齿，尤其是犬齿的时候，就可能在齿根产生脓肿，甚至破坏上颚的骨头，造成上颚穿孔，形成一个连通到鼻腔的通道，口腔的细菌就会经由这个通道跑到鼻腔内感染，造成毛孩打喷嚏和流鼻涕，甚至形成化脓的鼻涕。如果是这种状况，光治疗鼻子是没有用的，必须好好地把口腔的牙周病问题处理好，才能完全根治。

如果怀疑是口鼻瘘的问题，就需要经由宠物医生检查口腔牙周的状况来确认，一旦确认是由严重的牙周病造成口鼻瘘，光吃药是无法根治的，必须要麻醉进行完整的牙周治疗，并且对瘘管的位置进行修补，关闭不正常的通道，才能消除后患。🐾

我家猫猫好像常常鼻塞，这是怎么回事呢？

猫猫鼻塞最常见的原因就是疱疹病毒感染，造成打喷嚏、流鼻水等，这部分在本书的传染病章节已经详细讨论过。除了病毒感染之外，有些猫猫也可能因为细菌感染造成鼻腔发炎或慢性鼻窦炎，产生大量分泌物蓄积在鼻腔内，造成严重鼻塞。这些细菌并不一定是来自鼻腔本身，有很多猫猫是因为牙齿没有清洁导致严重牙周病、牙根化脓，逐渐破坏腭组织，直至穿孔到鼻腔里面去，形成口鼻瘘，导致口腔的细菌侵入到鼻腔，进而产生大量鼻脓。

除了感染外，也有猫猫会在鼻腔或咽喉部长出息肉，挡住鼻腔或咽喉的通道，造成上呼吸道阻塞。对于老年动物，肿瘤也是非常常见的导致鼻塞的原因之一。有些肿瘤长在鼻腔或咽喉，或是口腔的肿瘤侵犯到鼻腔，都可能形成明显的团块阻碍呼吸。这些毛孩除了可能会发出猪叫声或鼾声外，很多恶性的癌细胞还会破坏骨骼，造成毛孩的鼻子不正常凸起或凹陷、脸部不对称、流鼻血、疼痛等，同时毛孩可能也会出现食欲变差、消瘦的情况，毛爸妈一定要特别注意。🐾

如果怀疑毛孩的鼻子或咽喉有问题，要做什么检查呢？

由于我们从外观上不容易看到鼻腔内部和咽喉的结构，一般来说，宠物医生都会建议先进行X线检查，做一个最初步的判断。然而，由于鼻腔附近有很多器官结构重叠在一起，可能会造成X线检查在判读上的困难，所以目前鼻腔、咽喉疾病最详细的检查方法通常是计算机断层扫描。

计算机断层扫描可以提供各种角度的3D立体影像，让我们把鼻腔和其他周围器官的结构看得一清二楚，如果有肿瘤也能确认它侵犯的范围有多大，帮助宠物医生在手术前做好完整的规划，是非常好用的诊断工具。但计算机断层扫描只可以看到静态的结构影像，如果想要确认咽喉部的运动功能，还需要使用喉头镜检查。喉头镜是大部分动物医院都有的常规器材，在宠物医生帮毛孩插管时可以用来协助找到气管入口。喉头镜可以把舌根往下压，让宠物医生直接看到咽喉部和声门的运动，而如果毛孩有喉头麻痹、咽喉部息肉或肿瘤的问题，通常用喉头镜就能看到。

如果是怀疑吞咽功能障碍，还可以使用透视摄影的方式检查毛孩吞咽的过程有没有问题，也可以顺便检查食道有没有狭窄或肿瘤。此外，鼻腔检查还有鼻腔内视镜，能通过摄影镜头直接看到鼻腔内部的状况，如果发现有团块可以直接采样，有异物也能直接把它夹除，也是非常方便的工具。不过这几种检查都需要比较高级的影像检查设备，能够提供这类服务的动物医院并不多，有需要的毛爸妈可以先向宠物医生询问，请医生协助转诊。🐾

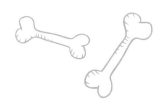

医生，我家狗狗为什么会流鼻血？

　　有些人在天气干燥、火气大、情绪激动的时候可能会不自觉地流鼻血，而狗狗、猫猫跟人类一样，偶尔也会有流鼻血的问题，但是它们的情况就比较少跟情绪有关，通常都是由潜在的疾病造成的。

　　年轻的动物流鼻血，有可能是因为凝血功能不全，例如不小心误食老鼠药而中毒。老鼠药的作用机制是抑制身体的凝血因子，造成血液无法凝固，使老鼠因为大量出血而死亡。如果毛孩不小心吃到老鼠药，就有可能出血不止，除了流鼻血之外，可能还会看到皮肤出现莫名的瘀青、出血斑，也有可能会吐血、拉血，胸腔或腹腔内也可能会有看不到的内出血等。全身性的凝血异常是非常严重的问题，一定要赶快就医。

　　其他造成凝血问题的疾病还有血液寄生虫感染，例如焦虫、埃利希体感染，以及自身免疫系统攻击血小板等，都有可能造成血小板数量不足而无法有效凝血，进而出现流鼻血的症状。

　　除了凝血功能异常之外，老年动物如果流鼻血，还会有鼻腔肿瘤的可能性。有些癌症会侵犯鼻腔及鼻腔周围的骨骼，大量破坏鼻腔组织，造成鼻腔内出血而产生流鼻血的症状；除了流鼻血之外，也可能会造成明显的鼻塞，外观上可能会看到毛孩的鼻梁或脸部出现不对称的隆起或凹陷，严重的甚至可能会挤压到眼球。如果有这些状况，一定要赶快让宠物医生检查，看看是不是有肿瘤的问题。

　　除了上述两种重大问题之外，严重的鼻腔感染，包括细菌和霉菌的感染，也都有可能造成流鼻血。不过细菌感染通常以看到黄绿色的脓样分泌物居多，而鼻腔的霉菌感染在中国则比较少见，通常是在欧美的郊区才会有比较多的案例。

毛孩流鼻血，需要做什么检查吗？

宠物医生会帮毛孩抽血检查血小板数量及凝血功能指标，来判断毛孩的凝血功能是否健全。如果家里有可能造成毛孩误食的老鼠药，一定要记得告诉宠物医生并且把包装带去给医生参考。如果不慎中毒，医生可以通过施打维生素K和输血的方式，来补充流失的血液及凝血因子。

而血液寄生虫的部分，则可以通过抽血快筛检查和实验室的聚合酶链式反应（PCR）检查来确认，确诊后就可以使用抗生素或杀虫药来治疗。而自身免疫疾病的问题，则可以通过免疫抑制剂来调整。

如果怀疑是鼻腔肿瘤，通常宠物医生会先通过X线检查做初步的判断，但是确诊往往会需要CT检查，才能检查到完整的鼻腔结构。如果看到团块，就有可能会用鼻腔镜和采样针进行采样，详细确认是哪一种癌细胞，才能准确地进行化疗。有些更严重的病例，可能还会使用放射线治疗的方式来抑制癌细胞的生长，这部分就需要咨询肿瘤专科的宠物医生，制订最适合毛孩的医疗计划。

除了上述这些比较严重的疾病外，还有一些狗狗是去山上散步，或跑去溪边游泳玩水，回到家后开始打喷嚏、流鼻血，仔细一看才发现它们的鼻孔有一条黑黑的东西时不时探出头来。原来是溪里的水蛭跑到它们的鼻子里面，粘在鼻黏膜上吸血。由于水蛭会分泌多种抗凝血酶，所以被叮咬的伤口会持续流血，而且水蛭吸附后很难松脱，还会躲进鼻腔里，因此毛爸妈通常很难抓到它们。

然而，对付水蛭其实是有小技巧的，由于水蛭不喜欢高温的环境，所以宠物医生可能会请爸妈带狗狗去跑步运动，使身体温度升高后，再把一盆凉凉的清水放在狗狗鼻孔前面，这时水蛭就可能会想要往低温的清水里面移动，只要它们探出头来，宠物医生就可以用夹子把水蛭移除了。🐾

我家狗狗耳朵好臭，一直不停地抓耳朵，是怎么回事呢？

耳朵可以分为三个部分：外耳、中耳和内耳。一般我们从毛孩外观能看到、摸到的部分，包括耳郭和耳翼都属于外耳；而中耳和内耳则在鼓膜里面，深入头骨，一般我们是触碰不到的。耳朵臭、耳屎多、耳朵发红、耳朵痒一直抓，绝大多数都是"外耳炎"的问题。

什么是外耳炎呢？外耳炎主要是某些因素导致耳道环境变得不健康，例如：过敏、异物、寄生虫、自身免疫疾病等，造成耳朵发炎红肿，毛孩就会觉得很痒或疼痛，而想要去抓，但是一直抓的话又会更刺激正在发炎的耳朵，毛孩的指甲也会在耳朵上造成新的伤口，指甲上的脏污又进一步污染整个耳朵和伤口，造成后续感染新的细菌或酵母菌，产生大量脏臭的分泌物，如此恶性循环就会让整个外耳炎愈加严重。

一般来说，垂耳的狗狗较容易发生外耳炎，例如黄金猎犬、拉布拉多及比格犬等，它们的耳翼会垂下来盖住耳道，使得耳道不够通风，容易闷热潮湿，造成耳道环境的不健康。皮肤不好的狗狗也容易发生外耳炎，因为耳朵也是整个皮肤系统的一部分，如果皮肤常常过敏、红肿，保护力就会下降，耳道的环境就会不健康。如果没有定期预防体外寄生虫，尤其是幼犬，就比较容易感染耳疥虫，这些虫会造成大量的耳垢，加上明显的瘙痒，也会使外耳容易发炎，需要用药物将这些寄生虫驱除并定期预防。目前市面上有很多1个月使用一次，或3个月使用一次的体外寄生虫预防药，除了可以预防跳蚤、壁虱之外，大部分也能预防耳疥虫，只要定期使用，就能避免耳疥虫找上门。🐾

要怎么预防狗狗的耳朵发炎呢？

外耳炎有什么预防的方法呢？其实避免外耳炎最好的方法就是保持耳道的清洁和通风。如果是耳道环境健康、功能正常的动物，一般能够自行将耳道内的脏污排出，你会看到它们的耳朵都是保持干爽、干净的淡粉红色。在耳道健康的情况下，就不一定需要特别去帮它清理。但如果是皮肤不好容易过敏的狗狗，或者是垂耳的犬种，因为耳朵盖住不通风，毛爸妈就要多留意它们的耳道有没有开始脏臭。

如果真的发生了外耳炎，就要去看医生并给予适当的治疗，乖乖遵照医生的指引，一般来说单纯的发炎大概1~2周就能慢慢稳定。发炎的耳道已经失去正常排除脏污的功能，所以就需要仰赖毛爸妈定期帮毛孩清洁耳朵，刚开始比较严重时，可能两三天就需要清洁一次，之后再视情况慢慢延长到一两个星期或1个月1次。至于清洁的方式，很多人会拿棉花棒伸进毛孩的耳道想把耳屎掏出来，其实这是错误的做法。

首先，毛孩的耳道并非像人类一样是笔直的，它们的耳道呈"L"形（如下页图），由最外面的垂直耳道往内，会经过一个90°的转角才到水平耳道。当我们把棉花棒从外耳道口往内伸进去的时候，其实是把整个垂直耳道内的脏污都往内推进去了，反而让它们蓄积在转角处，不但清洁不干净还适得其反。

再者，一般的棉花棒相对于毛孩的耳道来说都太大，几乎占满了整个耳道，棉花棒在耳道内前后移动的过程一直在摩擦、刺激耳道壁，会造成很多微小的伤口，反而使耳道更容易感染和发炎。

正确清洁耳道的方法应该是使用宠物医生建议的合格清耳液，一手轻拉毛孩的耳翼将整个耳道拉直，另一手将清耳液灌入耳道中直到看到液面，然后用手指在耳朵外面按摩整个耳道15~20次，使液体和耳道内的分泌物均匀混合、溶解耳垢，之后就放手让毛孩自己将清耳液甩出来。

清耳液被甩出来之后，有些脏污会黏附在耳翼内面，这时就可以用棉花棒或卫生纸清洁耳道外面、耳翼内侧的皮肤（注意不要伸进耳道里），擦干净之后就大功告成了。这样既可以清洁到耳道的最深处，又不会有异物进入耳道造成刺激，是最能保持耳道清洁的方法。🐾

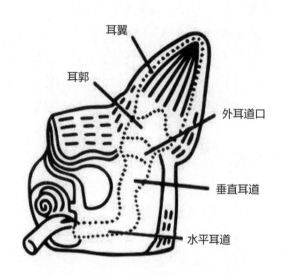

耳翼
耳郭
外耳道口
垂直耳道
水平耳道

毛孩小知识

宠物清耳
教程

我家狗狗最近眼角内侧凸起一颗粉红色的肉球，是长针眼了吗？

狗狗眼角内侧凸起一块粉红色的肉球，其实不是长针眼，而是一种俗称樱桃眼（Cherry eye）的疾病，正式名称为"第三眼睑腺体脱出（Prolapse of third eyelid gland）"。

正常猫、狗除了上下两片眼皮（眼睑）外，在双眼的内侧眼角，还会有一片三角形的薄膜，称为第三眼睑（Third eyelid）。正常的猫、狗眼球会需要一层泪膜来保持眼球表面的湿润，这层泪膜不是只有水性的成分，而是由水分、油分和黏液混合而成。油性的部分由眼睑上的腺体分泌；黏液的部分来自结膜上的腺体；水性的部分则来自泪腺。

每个眼睛都有两个主要的泪腺，一个在眼球的外上方，另一个就位于第三眼睑里。第三眼睑腺体所分泌的泪液占了正常猫、狗泪液量的三到五成，是非常重要的结构。然而，这个腺体有时会不小心往外脱出，脱出的部分又常常发炎肿大，并在眼角内侧形成一块凸出的粉红色肉球，因为看起来很像小樱桃，所以被称为樱桃眼。

樱桃眼在狗狗和猫猫中都有可能发生，但狗狗发生的概率明显高于猫猫。樱桃眼的发生跟遗传有关，有一些品种特别容易发生，例如可卡犬、比格犬、北京犬、沙皮狗、斗牛犬、牛头梗、波士顿犬等，其中又以幼犬及不到两岁的年轻狗发生率最高。

那么，为什么第三眼睑的腺体会突然脱出呢？大多数情况都是因为这些毛孩第三眼睑附近的结缔组织先天发育不正常，造成本来应该位置固定的腺体松脱，向外脱垂。由于是先天发育的问题，通常病患的双侧眼睛最终都会演变成樱桃眼，但不一定会同时发病，也有可能在不同的时间点只看到单侧发病。脱出的腺体可能造成眼睛不适、有异物感，也可能会影响泪液分泌，形成黏液样的分泌物，并发结膜炎等。有些狗狗会忍不住去抓痒，就有可能抓伤眼睛，造成角膜溃疡，引发一连串的问题，毛爸妈一定不能轻忽。🐾

What Can I Do?

我可以怎么做?

如果发现毛孩有樱桃眼的症状,虽然称不上是紧急情况,但也应该尽快带它们去找宠物眼科医生检查和治疗。由于樱桃眼是一种先天结构的缺陷,光靠滴眼药水是无法治愈的,必须用手术的方式将它复位。以前,我们以为樱桃眼是眼角内侧的增生或肿瘤,所以手术时就直接把凸出的团块切除。后来才发现,第三眼睑的腺体其实是狗狗很重要的附属泪腺,如果贸然切除,术后就有可能引发狗狗长期的干眼症,并影响眼角膜的健康。依照目前眼科专科医生的建议,樱桃眼的正确治疗方法应该是将第三眼睑腺体固定回原本的位置,保留这个重要的腺体。但是复位手术比起直接切除麻烦许多,需要医生拥有比较多的眼科手术经验,建议毛爸妈咨询宠物眼科专科医院或医生,才能有效治疗,让毛孩保有水汪汪的大眼睛。

+ EARS & EYES +

耳朵&眼睛

我家狗狗的耳朵突然肿了一个大包,好像粽子一样,是怎么回事?

有时会发现狗狗的耳翼整个肿起来像个粽子一样,摸起来感觉像蓄积了一堆液体在里面,这种症状通常都是"耳血肿"的问题。

什么是耳血肿呢?其实狗狗的耳翼部分是由两片皮肤包覆着一大片软骨,像夹心饼干一样的结构。正常状况下,软骨两面的皮肤都是紧贴着软骨的,但当耳朵发炎得比较严重时,耳道内可能化脓或有血水,狗狗会不停地甩头想把这些液体甩出来,在连续、大力甩头的过程中,皮肤下方的毛细血管可能就会受伤出血,血水蓄积在软骨和皮肤之间,使皮肤和软骨不再紧贴。当这些血水越积越多,皮肤下方的空间越撑越大,最后就形成了一整个像水球一样的血肿。

耳血肿主要源于狗狗频繁地甩头，尤其垂耳的狗狗更容易发生。这些垂耳的狗狗一旦耳翼皮下开始少量出血，血水就会因为重力的关系蓄积在耳翼末端，而不容易被吸收回去。前面也提过，狗狗频繁甩头最常见的原因就是外耳炎，因此治疗耳血肿时也会建议同时要控制外耳炎，才不会治标不治本。🐾

狗狗耳朵肿起来，需要开刀吗？还是擦药就可以了呢？

如果发现耳血肿，必须尽早就医，否则血水只会越积越多，越肿越大。关于耳血肿的治疗，有些宠物医生会尝试用针将蓄积的血水抽出，再打入一些消炎药物，看看能不能让撑开的皮下空腔慢慢愈合。然而，这种方法通常比较容易复发，因为皮肤已经和底下的软骨分离，只要再有血水分泌，很快又会蓄积在里面。

因此，大多数的宠物医生通常会建议手术治疗，将皮肤划开一个大伤口让血水完全流出，再用很多道小缝线将皮肤和底下的软骨缝合，使它们之间不再有空腔。划开的伤口不让它完全关闭，会保留一道裂缝让日后产生的血水可以顺利排出不残留，最后再将耳翼往头上包扎，就不会一直垂耳造成液体蓄积了。

除了手术外，术后的照顾也很重要，狗狗一定要戴上伊丽莎白颈圈防止它再抓伤耳翼或大力甩耳，另外也要治疗最根本的外耳炎问题，保持耳道清洁和坚持点药，才能从根本上解决问题。这样的治疗方式虽然会使耳朵在手术完初期看起来丑丑的，但若照顾得好，通常1~2周内就可以顺利痊愈。不过切记康复后一定要注意耳道卫生，不然耳朵一直发炎，将来还是有可能再复发。🐾

我家狗狗其中一边的眼睛变得异常肿大，还向外凸出，这是怎么回事？

狗狗的眼睛变大、变凸出，其中一种可能性是眼睛内部或眼睛后方长了肿瘤，造成眼睛肿大，或后方团块把眼睛向外推。另一种更常见的可能性则是所谓的牛眼症（Bull eye），这通常是由青光眼所造成的。

什么是青光眼呢？青光眼（Glaucoma）指的是眼球内部的压力上升，超过正常的眼压，进而造成眼球内部结构和神经系统损伤的疾病。那为什么眼球内部的压力会异常上升呢？这通常跟眼房水（Aqueous humor）的循环有关。在正常情况下，眼球的睫状体会分泌眼房水，其在眼球内部流动，最后从眼前房的静脉窦排出。如果产生和排出的过程出了问题，造成大量眼房水蓄积在眼球内部，就会使眼内压上升。过高的眼内压会压迫眼球内部的构造，造成缺血、缺氧和坏死的病变，如果造成视网膜及视神经盘坏死，毛孩就有可能永久失明。

引起青光眼的原因可以分成先天和后天两大类，先天性的青光眼跟家族遗传有关，它们眼房水排出的结构可能有先天异常，造成眼房水堆积，常演变成双侧的青光眼。如果家中有先天性青光眼的狗狗，要小心它的子女也有可能遗传到青光眼。

此外，还有一些犬种也比较容易发生青光眼，例如美国可卡犬、巴哥犬、松狮犬、沙皮狗、拉布拉多、哈士奇等，都有比较高的患病风险。后天的青光眼又称为二次性青光眼，意思是先有其他的眼部疾病而后才导致的青光眼问题。常见的会造成青光眼的眼部疾病，包括眼内发炎、严重白内障、晶状体异位、眼内肿瘤、眼内积血等，这些疾病都有可能阻碍眼房水的排出，进而造成青光眼。🐾

怎么知道狗狗得了青光眼？

青光眼不一定都会看到眼睛肿大凸出，早期的青光眼可能没有明显症状，只有在仔细看的时候可能会发现它们眼白区域的血管比较扩张，瞳孔对光线的收缩反应稍微变慢等。

到了中期的青光眼，有些狗狗可能就会开始觉得眼睛疼痛、眼白充血发红、瞳孔轻微放大，黑眼珠开始变白变混浊等。青光眼若是拖到晚期，狗狗的眼睛就会因为压力过高而剧烈疼痛，此时毛爸妈可能会发现毛孩的脾气变得异常暴躁、本来很乖的狗狗变得很凶、碰触它们的脸部就会想咬人等，其实不是它们的性格改变了，而是剧烈的疼痛实在难以忍受。

晚期的青光眼也常有眼睛明显肿大的牛眼症，瞳孔会持续放大且无法收缩，黑眼珠也可能整片变白、变混浊，此时通常眼睛也已经失明，无法再看到外界的东西了。

青光眼可以通过测量眼压来诊断，宠物眼科医生会使用眼压笔来测量毛孩眼球内部的压力，配合检眼镜、裂隙灯来检查眼球内部的构造，综合判断是否有青光眼的问题，并寻找造成青光眼的原因。🐾

毛孩得了青光眼，要怎么治疗呢？

早期、轻微的青光眼可以使用眼药水来帮助眼房水排出，借以降低眼压，如果反应良好就可以靠长期点药来稳定、控制病情。但若是眼药水治疗的效果不佳，或是症状比较严重，则可能需要手术治疗。

目前来说，并发症最少的方式就是做青光眼激光手术，这种手术需要的仪器和技术比较特别，只有少数宠物眼科专科的医生才有能力操作。如果毛孩有需要，可以请宠物医生帮忙转介到眼科专科医院做进一步的评估。不过，有些青光眼末期的狗狗可能病情太严重，眼球内的结构已经被破坏殆尽，即便做青光眼手术也没有办法挽救视力，此时就有可能会建议把罹患青光眼的那只眼睛摘除，并装上人工义眼来保留正常的外观。

眼球摘除虽然听起来很可怕，但其实患有严重青光眼的狗狗一天24小时都在承受剧痛，有些甚至食不下咽，也没办法好好睡觉，是非常可怜的，如果能尽早移除造成疼痛的眼睛，对它们来说才是最大的救赎。当然，无论哪一种治疗方式，都需要宠物医生仔细专业的评估，以选择对它们最好的方式。🐾

我家北京犬的眼睛常常有黏黏的分泌物，看起来眼睛很干，该怎么办？

很多眼球比较大、比较凸起的狗狗都容易有眼睛干涩的问题，有些严重的狗狗，甚至会发现它们眼球好像龙眼干一样，整个很干燥，表面甚至有点皱皱的、凹凸不平，还可能有很多黄黄绿绿的黏稠分泌物附着在眼球上，这种情况通常是干眼症的问题。

干眼症顾名思义就是眼泪分泌不足，造成眼球表面干涩。想要维持眼睛水亮健康，正常泪腺分泌的眼泪其实占了非常重要的角色。正常充足的眼泪具有杀菌、清洗眼球、保护眼部、免疫及提供眼角膜营养等多种功能，如果眼泪分泌不足，眼球就丧失了重要的保护，很容易感染和发炎。

眼泪除了分泌量要充足之外，质量也非常重要。正常的眼泪不是单纯水性的液体，而是含有蛋白质、脂质和其他养分，有点油性和黏性的液体。品质良好的泪液可以停留在眼球表面，形成一层薄薄的泪膜，阻挡外界的脏污和病菌。如果狗狗分泌的眼泪太偏水性，无法停留在眼球表面，这样即使有足够的分泌量也无法维持眼球的健康，这也是干眼症的其中一种表现。

什么原因会引发干眼症呢？其实原因非常多样。如同前面所说，有些犬种有先天或遗传的因子比较容易发生干眼症，眼睛比较凸起的犬种，例如北京犬、巴哥犬、西施犬、吉娃娃犬、波士顿犬等都比较容易发生干眼症，还有马尔济斯犬、约克夏梗、可卡犬、英国斗牛犬等也是好发干眼症的犬种。

除了遗传之外，老年狗泪腺逐渐萎缩也有可能引起，或是自体免疫攻击、犬瘟热感染，以及不当使用人用的眼药水，都有可能引发干眼症。另外之前提过的樱桃眼，如果治疗的手术方法是将第三眼睑腺体切除，也会因为失去重要的泪腺而引发后续的干眼症。

干眼症的眼球由于失去了泪液的保护，表面的角膜缺乏营养就会变得脆弱，容易受伤和感染。大多数狗狗的干眼症通常是慢性的，分泌的泪液量随着时间慢慢减少，使得眼睛越来越不健康。刚开始眼睛可能会发红、发炎、结膜充血肿胀、产生黏稠的分泌物等。久而久之，表面的角膜就有可能开始色素沉淀、纤维化，变得不透明。如果是急性的干眼症，可能会造成明显的疼痛及严重的角膜溃疡，如果同时有细菌感染又没有及时处理的话，角膜可能会持续被破坏、溶解，甚至穿孔，非常不舒服。🐾

EARS & EYES
耳朵&眼睛

怎么知道毛孩得了干眼症？应该怎么治疗呢？

毛爸妈平时就要注意毛孩的眼睛是否水亮清澈，有没有异常的分泌物或明显不适，如果发现毛孩眼睛干涩，可以请宠物医生检查，做泪液试纸的测试。

宠物医生会将泪液试纸放在毛孩的结膜腔内，等待1分钟的时间，让泪液通过毛细现象在试纸上前进。正常狗狗的泪液应该足以让试纸湿润长度超过15毫米，如果结果在10~14毫米之间，就要怀疑是早期的干眼症；而如果狗狗的泪液在试纸上少于5毫米，就算是严重的干眼症了。

干眼症的治疗通常会包含眼药水和人工泪液，宠物医生会视病情需要给予一些油剂的眼药配方，可以促进泪腺功能改善，增加眼泪的分泌。另外也会同时给予人工泪液，帮助清洗眼部、保护和滋润角膜。如果眼球表面已经发生感染，宠物医生也会同时使用抗生素眼药水来控制，这对于疾病的控制也是非常重要的一环。🐾

EARS & EYES

耳朵&眼睛

我家狗狗得了干眼症，平常应该怎么保养呢？

在日常照顾护理上，保持眼部的清洁是非常重要的，毛爸妈可以常用生理盐水帮毛孩清洁眼屎和眼球分泌物，避免脏污残留。有些人以为用了生理盐水就不需要再用比较贵的人工泪液，其实这是错误的想法。如同前面提过的，水性的液体虽然可以帮助冲走眼球表面的脏污，却不能留在眼球表面做持续的保护。所以通常宠物医生会给予一些具有黏性的人工泪液，这种人工泪液会黏附在眼球表面形成一层保护膜，才能达到长时间滋润的效果。

此外，人类使用的眼药水并不是每种都适用于动物，有些眼药水，例如磺胺类药物，甚至反而会造成干眼症恶化。毛爸妈一定要听从宠物医生的指示，千万不要自己去药房买药，或拿自己的眼药水给毛孩使用，否则很可能会弄巧成拙，让病情更加不可控制。🐾

我家法斗最近常常抓眼睛，看起来眼睛红红的，还一直流眼泪，是怎么回事？

任何眼睛疾病造成的不适，都有可能使毛孩眼睛发红、水肿、流泪，其中最常见的原因就是角膜溃疡。黑眼珠最表面的那一层膜称为角膜，是一层透明、平滑、清澈透光的膜，如果这层膜受到损伤，我们就称为角膜溃疡。由于角膜表面有很多神经，所以当角膜溃疡受伤时，毛孩会觉得眼睛明显疼痛、畏光、眼睛睁不开、流泪增多等。就像人类在眼睛不舒服的时候会想要揉眼睛一样，毛孩觉得眼睛不舒服的时候也会想要用前脚抓眼睛。然而它们的指甲太长，很容易把眼睛抓伤，所以角膜溃疡不只是造成眼睛不舒服的原因之一，也是其他眼部疾病最常发生的并发症。

除了抓伤是角膜溃疡最常见的原因之外，其他创伤也很常见，尤其对于眼睛比较凸起的狗狗，例如北京犬、西施犬、吉娃娃犬、巴哥犬、斗牛犬等，很容易因为打架或奔跑时不小心撞到东西而造成角膜受伤。有些先天结构的异常也很容易造成角膜溃疡，例如眼睑或睫毛的畸形，眼睑内翻、睫毛倒插、睫毛重生异位等，都有可能造成眼睑或睫毛在眨眼的过程中不断摩擦眼球表面，造成角膜的刮伤。长毛的动物也要小心眼球周围的毛发，有时眼睛周围毛发过长，可能会不小心进入眼睑内刮伤角膜，造成角膜溃疡。

除了物理性的创伤之外，洗毛精和其他化学药剂造成的化学灼伤也不可小觑，如果毛孩不小心被洗毛精或化学药剂喷到眼睛，应该尽快用大量清水冲洗，避免角膜灼伤。此外，还有一些其他的眼部疾病容易引发角膜溃疡，例如狗狗的干眼症和猫猫的疱疹病毒感染等。眼泪扮演了清洁眼部、排除眼球表面异物、滋润角膜和提供养分的重要角色，如果眼泪分泌不足，或眼泪的质量不佳，就会使角膜变得不健康而容易破损。猫猫的疱疹病毒感染会潜伏在结膜和角膜，容易造成结膜和角膜反复发炎，也会使角膜变得脆弱而容易溃疡。🐾

怎么知道毛孩的眼角膜有没有受伤呢？

　　有些角膜溃疡是可以明显看到的，例如溃疡处可能会凹陷，溃疡的周围可能会因为水肿而呈现白雾状。但也有些更浅层的溃疡是我们肉眼不一定能够清楚看到的，此时宠物医生就会用特殊的荧光染剂来帮透明的角膜上色。正常状况下完整的角膜表面是不会有染剂停留的，如果透明的角膜上有局部区域染上荧光染剂，就可以确诊角膜溃疡。

　　角膜溃疡的严重程度有轻有重，如果只是浅层的溃疡，通常只要点眼药水预防感染，加上24小时佩戴伊丽莎白颈圈避免毛孩抓揉眼睛，只要没有进一步的伤害，角膜就可以自行修复、慢慢愈合。然而，如果没有好好戴颈圈，或是没有按时点药，造成溃疡处感染，向下破坏形成更深层的角膜溃疡，情况就比较麻烦了。

　　看似薄薄的角膜其实可以细分成五层，如果溃疡破坏到比较深层的后弹力层，就会造成后弹力层脱出，在眼球表面形成一个凸起的肉球，看起来会跟浅层溃疡的凹陷很不一样。深层溃疡的角膜往往已经无法单靠眼药水让它自行修复，毛孩可能需要接受角膜手术，移除病变的角膜，再用结膜瓣覆盖，让受伤的位置有更丰富的血液供应，得到更好的保护，促进伤口良好愈合。

　　如果深层溃疡再不处理，就有可能造成角膜穿孔、溶解，并发严重的眼内发炎、青光眼等，可能会造成永久失明，甚至可能会感染化脓，而不得不把整颗眼球摘除，后果实在不堪设想。所以毛爸妈一定要谨记早期发现、早期治疗，只要毛孩眼睛一有不舒服，就要赶快带去让宠物医生检查，如果一拖再拖延误病情，不仅要花更多的时间和医药费，还有可能来不及挽救它们水亮的大眼睛。🐾

我家小猫从小就眯眯眼，还常常流眼泪，这是正常的吗？

有些年轻的狗狗、猫猫因为基因的关系，天生就有眼睑内翻（Entropion）的问题。眼睑内翻指的是因为发育异常或其他眼部疾病，眼睑（也就是眼皮）往眼球的方向内卷，使得眼皮上的毛发、睫毛直接跟眼球的表面接触，造成睫毛倒插等问题。倒插的毛发会不停地刺激、刮伤眼球表面，造成角膜溃疡、发炎、疼痛、瘙痒和流泪，眼睛也可能会变得红肿，让毛孩非常不舒服，只能眯着眼睛，看起来像没有睡醒一样。

以狗而言，松狮犬、沙皮狗、罗威纳犬、斗牛犬、拉布拉多和可卡犬是较常发生眼睑内翻的犬种；而以猫来说，则通常是扁脸的品种，例如波斯猫。眼睑内翻虽然不是一个会危及生命的疾病，但却会长期地影响毛孩的生活质量，如果发现家中毛孩常常泪流满面，一定要记得带它去让宠物医生检查。

只要找到熟悉眼科的宠物医生，眼睑内翻通过手术是很容易矫正的。有些眼部发炎造成的暂时性眼睑内翻，只要控制好发炎和感染，甚至可以不用做手术。只要配合宠物医生好好治疗，很快就能看到毛孩恢复炯炯有神的双眼。🐾

我家狗狗的眼睛好像冒出一些黑斑，而且越来越大，怎么回事？

狗狗的眼睛出现黑斑，有可能是黑色素异常沉淀，尤其要小心可能是眼球的黑色素瘤造成的。

眼球的黑色素瘤（Melanoma）可以分为葡萄膜黑色素瘤和角膜巩膜交界处黑色素瘤两种。葡萄膜黑色素瘤是狗狗的原发性眼内肿瘤当中最常见的一种，最常发生在虹膜和睫状体上。大部分葡萄膜黑色素瘤是良性的，很少会转移，但也有20%的概率是恶性的。

另一种发生在角膜巩膜交界处的黑色素瘤就比较少见，但也是良性的肿瘤。黄金猎犬、拉布拉多、德国狼犬、雪纳瑞犬和可卡犬会比较容易罹患眼球黑色素瘤，尤其是9岁以上的中老年犬，拉布拉多则有可能在1～2岁就发病。

眼球的黑色素瘤除了可能出现黑斑之外，有时也可能会长成凸起的团块，有些可能长在眼球表面，有些也可能长在眼球内部向外凸出，造成眼球结构扭曲、眼球内部出血、发炎，或慢慢演变成青光眼。🐾

EARS & EYES
耳朵&眼睛

眼睛的肿瘤要怎么治疗呢？

如果是黑色素瘤，通常生长缓慢，但即使是良性的肿瘤，如果完全不治疗，除了可能造成眼球发炎、青光眼和失明之外，也有可能慢慢长到把眼球撑破。所以如果发现有黑色素瘤形成并且慢慢长大，宠物医生有可能会建议手术切除，或用激光治疗。但如果长得太大，造成发炎、出血、青光眼的话，就有可能会需要把整个眼球都拿掉，才能让毛孩回到舒服的状态。

眼球的黑色素瘤通常很少转移，但若不幸转移的话，就可能需要用黑色素瘤的疫苗来治疗。其他种类的眼球肿瘤相对少见很多，若不幸罹患的话，除了可能需要摘除眼球之外，也有可能要配合化疗来控制，避免肿瘤复发。🐾

我家狗狗本来黑色的眼珠最近突然变成全白，怎么会这样？

眼球的黑眼珠中央有一个称为"晶状体"的结构，它的功能类似凸透镜，所有的光线经过瞳孔之后，都要穿过这个凸透镜才能够在视网膜上聚焦成像。眼球可以通过睫状肌来改变晶状体的厚薄、调整焦距，那我们不管看近处或是远方都能正确对焦，看到清楚的景象。

晶状体是由很多透明均质、含有晶状蛋白的细胞以紧密的方式整齐排列，使得晶状体保持清澈透明，让光线能够顺利通过。然而，当晶状体的细胞发生病变的时候，细胞中的晶状蛋白结构便会改变，变成不溶性的纤维沉淀在细胞中。这些蛋白质纤维会使晶状体变得浑浊，阻挡光线通过，影响视力。我们从外观上会看到眼珠中央变白，形成广为人知的"白内障（Cataract）"疾病。

造成白内障的原因有很多，除了老化可能造成晶状体病变之外，遗传问题造成的白内障也很常见。很多犬种都可能带有一些遗传缺陷，使它们容易罹患遗传性的白内障，最年轻的可能一出生就罹患白内障，但大部分狗狗都是中年之后才发病。

除此之外，创伤或视网膜疾病也有可能会并发白内障。另外还有一种很容易并发白内障的疾病，就是"糖尿病"。由于糖尿病会造成持续的高血糖，使得眼球无法通过正常途径代谢糖分，而改用另一种替代的途径代谢。然而，另一种途径制造出来的代谢产物会累积造成晶状体渗透压过高，而病变形成白内障。

糖尿病可能会使狗狗在几天内就突然变成双眼白内障，而且即便是正在治疗糖尿病的狗狗，也无法完全避免并发白内障的问题，所以家中如果有糖尿病的狗狗，一定要特别注意它们眼睛的状况。不过，糖尿病造成的白内障只局限在狗狗，猫猫比较幸运一点，很少会因为糖尿病而并发白内障的问题。

要想完全根治白内障，唯一的方法就是手术。目前比较常见的做法是超声波乳化手术，简单地说就是将微小的超声波探针伸入病变的晶状体内，利用超声波将浑浊的晶状体乳化之后再抽出，这样就能将原本遮住视野的白色物质移除，使眼睛变回清澈透明的状态。

然而，这样的手术需要昂贵的手术显微镜和超声波乳化仪器，操作的宠物医生也必须要经过扎实的专业眼科训练才能执行，所以并不是每一家医院都能做到。如果毛爸妈怀疑家中的毛孩有白内障的问题，一定要向专业的宠物眼科医生寻求帮助，才能有效改善。🐾

我家几只老狗年纪大了之后眼睛好像都变得白白雾雾的，它们是不是都得了白内障？

很多人会发现家中老狗的晶状体随着年纪增长慢慢变得比较白，担心是不是得了白内障。其实，很多健康的老狗都有晶状体慢慢变灰白色的情况，但未必是白内障的问题，而是另一种正常的老化现象，称为晶状体的"核硬化（Nuclear sclerosis）"。

什么是核硬化呢？我们可以把晶状体想象成一个树干的横切面，晶状体最外层圈是类似树皮的"囊"，最中心则有一个类似树心的"核"的构造，随着狗狗年纪的增长，晶状体会从最外圈的囊袋产生一些纤维，往中心的方向堆积，就好像树干的年轮一样形成一层一层的结构。

年纪越大的狗狗的晶状体，这些纤维就堆积得越致密，使得晶状体的外观不再像年轻时那样的清澈透明，而是呈现淡淡的灰白色，不懂得分辨的人看上去就会以为狗狗是得了白内障，但其实完全不是。核硬化是完全正常的老化现象，老化的晶状体仍然能够正常透光，不会影响视力，也不会有并发症，所以是完全不需要担心的。

除了核硬化之外，一些其他眼科疾病，例如青光眼、葡萄膜炎、角膜溃疡等，也可能因为角膜水肿或其他发炎物质造成眼睛外观看起来白白雾雾的，这些都不是白内障的问题。不同的疾病有不同的治疗方式，必须要由专业的宠物眼科医生来判断问题的源头，才能给予正确的治疗。

核硬化因为是正常的眼睛老化现象，并不需要使用任何眼药水或是手术治疗。当然，已经产生核硬化的晶状体也不可能再回到年轻时清澈透明的模样，因为老化是不能逆转的，就像皱纹、白头发一样。

毛爸妈最需要注意的是，狗狗的眼睛应该经过专业的宠物眼科医生仔细检查，明确病因。当然如果经过眼科医生确认是白内障的狗狗，还需要更进一步的检查和治疗，处理其他潜在的并发症。但我们也常常遇到毛爸妈把狗狗眼睛的照片发上网络询问，被网友误认为是白内障而建议点眼药或手术。毛爸妈自己买眼药来点，没有效果、浪费钱就算了，但如果点了不恰当的眼药，造成疾病恶化、伤害眼睛就不好了。

最糟糕的是，如果没有检查清楚就贸然手术，不仅让狗狗白挨一刀，还可能会破坏晶状体的正常结构，实在是得不偿失。所以，如果有疑惑，还是务必要找专业的宠物眼科医生帮毛孩做详细的眼科检查，确认问题所在才对症下药。很多正常的老化现象是不需要治疗的，看医生不仅能帮你省钱，还能让你少走很多冤枉路。🐾

我家两只狗狗都得了白内障，医生说其中一只要做手术，另外一只不用，同样都是白内障为什么医生的建议不同呢？

同样是白内障，每个毛孩的严重程度并不一样，有些轻微的初期白内障其实并不一定要立刻治疗；但如果是严重且已经处于成熟期的白内障，除了可能造成失明之外，还有可能造成其他眼球结构的发炎、破坏，狗狗可能会觉得痒或疼痛，非常不舒服，也有可能大幅影响生活质量，甚至影响狗狗的精神、食欲等，千万不能疏忽！

白内障的病程可以分成以下四个不同时期。

病程	说明
初期	初期的白内障可能只有很小的白点或白色斑块出现在狗狗的晶状体里面，有可能需要经过眼科医生检查才能发现。这个时期的白内障对于视力的影响很小，不需要特别治疗，只要定期请宠物眼科医生追踪即可
未成熟期	白色的云雾可能覆盖晶状体的局部或几乎全部，依照覆盖范围的大小，可能造成轻微视力变差或完全失明。这个时期的白内障可能就需要手术治疗
成熟期	整个晶状体都已经变质，完全被白色云雾覆盖。这个时期的眼睛已经明显受损，视力完全丧失，手术可能会有比较高的风险出现并发症，所以并非每个病患都适合做手术，必须由专业的眼科医生审慎评估狗狗的状况来决定
过熟期	白内障的末期，晶状体表面皱缩，晶状体的内容物被重吸收或渗漏出来，可能进一步造成严重的眼内发炎

我家狗狗年纪大了之后嘴巴好臭，还常常流口水，怎么会这样？

狗狗口臭最常见的原因就是口腔卫生没有做好，口腔内的细菌就慢慢在牙齿表面、牙龈缝隙和牙周囊袋内堆积，形成牙菌斑，如果长期没有清理，这些牙菌斑又会与口水当中的钙质结合而形成牙结石，发出明显恶臭。牙菌斑、牙结石上的细菌，会造成牙齿周边组织发炎、破坏，导致口腔流血、牙龈发红肿胀、疼痛、流口水等；严重者还会破坏牙根的稳定性，造成牙龈萎缩、牙齿松动，甚至牙根脓肿，这一连串牙齿周边的问题我们就统称为"牙周疾病（Periodontal disease）"。

患牙周疾病的狗狗除了口臭、流口水之外，也可能会因为牙齿疼痛而不愿咀嚼，不肯吃较硬的食物，例如：不吃干饲料，只肯吃罐头等；或者虽然愿意吃干饲料但几乎不咀嚼，直接用吞食的方式吃饭，长久下来，可能就会造成消化问题，或者营养摄取不足、体重减轻等，影响它们的生活质量。其实我们人平常光是因为一颗蛀牙就可能已经痛到寝食难安，想要赶快找牙医治疗，何况很多毛孩常常已经是满口的牙结石，齿槽骨都已经严重萎缩才被发现，有些牙结石里面甚至还卡了毛发，整个口腔像是垃圾堆、臭水沟一样。

毛爸妈可以想象一下，它们每天忍着牙痛、带着满口脏污吃饭的生活会有多不舒服。甚至有些运气不好的毛孩，还可能因为严重的牙周病造成口腔的细菌跑到血液中，影响全身的器官，导致发烧或其他内脏的疾病，严重的可能还会威胁生命，所以千万不能疏忽。

除了牙周疾病可能造成口臭、流口水之外，严重的肾脏疾病、肾衰竭也有可能因为尿毒症（Uremia）产生的毒素造成口腔溃疡，同样也会有口臭、流口水的症状。相较于口腔疾病可能只要检查口腔就能发现，肾脏疾病通常需要验血和验尿才能诊断，如果宠物医生认为你家狗狗的牙周病并不明显的话，可能就要做进一步的检查来排除肾脏疾病。 🐾

口腔&肠胃

狗狗的口腔要怎么清洁呢？

毛孩跟人类一样都需要保持好口腔的卫生，尤其毛孩不懂得自己清洁牙齿，所以更需要毛爸妈帮它们做好牙齿保健。建议毛爸妈最好能够每天至少帮毛孩刷一次牙，把口腔内的食物残渣和细菌清掉，就可以大幅减少牙周疾病形成的概率。

有些毛孩非常抗拒，甚至害怕刷牙的动作，所以我们应该用循序渐进的方式让它们慢慢学会享受刷牙的过程。通常如果我们直接拿着牙刷从它们面前伸进它们的口腔，它们都会因为紧张而想要挣扎、躲避，建议毛爸妈可以不要急着一次到位，而是先在它们放松的状态下，尝试从它们后方伸手去触碰它们的口腔，并给予奖励，让它们慢慢习惯这个动作。开始的前几天都只碰到口腔就结束，等它们对这个动作没有戒心之后，再慢慢尝试掀开它们的嘴皮，并给予奖励，等经过几天习惯掀嘴皮的动作之后才慢慢加入触碰牙齿的动作，最后才是用牙刷去帮它们刷牙，并在结束后给予奖励，让它们把刷牙和奖励正向结合在一起，进而能够接受整个刷牙的流程。

毛爸妈可以提供怎样的奖励呢？通常可以在每次刷牙之后给它们一两口零食，让它们觉得刷牙是一件值得期待的事情。可能会有毛爸妈想问，刷完牙又吃东西，岂不是又让牙齿变脏了吗？其实毛孩很少有蛀牙的问题（要注意牙周疾病和蛀牙是不同的），所以刷完牙吃一点零食是没有关系的，只要保持每天清洁口腔，都还是能有很好的保健效果。

由于毛孩的嘴巴比较小，一般成人用的牙刷对它们来说会太大，建议毛爸妈选购宠物专用的牙刷，或用儿童牙刷代替。如果一开始还不习惯，可以先简单用纱布套在手指上，再用清水沾湿帮它们清洁口腔，很多宠物店也有卖刷牙用的指套，是不错的工具。不过这些都是训练过程的暂时替代品，最终还是要尽量换成宠物专用牙刷或儿童牙刷，这样才能更好地清洁到口腔深处。🐾

除了刷牙之外，还有没有什么口腔保健的方法呢？

除了刷牙之外，有些饲料厂家也有推出口腔保健的饲料。这类饲料在大小、形状、材质和软硬度上经过特殊设计，让毛孩在进食的过程中需要经过咀嚼，而在咬下饲料后，饲料的断面就能与牙齿的表面摩擦，达到清洁牙垢的效果。在饲料的成分当中也会添加一些营养素，帮助维持口腔健康。这类型的饲料属于处方饲料，需要宠物医生开处方才能使用，毛爸妈可以带毛孩去给宠物医生检查牙齿，以判断是否需要这种饲料作为处方。

此外，平常也可以给狗狗一些洁牙零食、洁牙骨等，让它们在游戏中达到口腔保健的效果。这些洁牙玩具大部分都设计成能让毛孩慢慢啃咬，在啃咬的过程中摩擦牙齿的表面，模拟刷牙的动作，以达到清洁牙垢的效果。不过要注意的是，洁牙骨的成分必须选择安全可以食用的，使用的材质必须柔韧，而不是随便丢一根猪大骨给它们啃，因为太坚硬的骨头可能会造成牙齿断裂。洁牙骨也有大小的分别，不同体型的狗狗适合的大小不相同，必须选择让狗狗能用臼齿咀嚼，又不会一下就咬断的大小。如果无法让狗狗用臼齿啃咬，表明这些洁牙骨太大了，无法达到良好的清洁效果；而如果咬一下就断，或者毛孩可以整根洁牙骨吞下去的话，就表明太小了。

洁牙骨如果不慎被整根吞食，除了难以消化之外，还可能造成肠胃甚至呼吸道的阻塞，严重的甚至会致命，一定要非常小心！另外，在使用洁牙玩具的时候，最好能用手拿着洁牙骨的一端，另一端让它们啃咬，这样才能确保它们没有误吞的情况发生，也确保它们有足够的咀嚼达到清洁的效果。很多人直接把洁牙骨丢给狗狗就不理它们让它们自己玩，这是非常错误的做法，很容易发生意外，一定要避免！🐾

* ORAL CAVITY & GI TRACT *

口腔&肠胃

我家猫猫明显口臭，常常流口水，吃干饲料时好像很辛苦的样子，可是我明明每天都帮它刷牙，怎么会这样呢？

除了前面提过的常见牙周疾病问题外，猫猫还有一些特殊的口腔疾病是和狗狗很不一样的，称为猫慢性牙龈口腔炎（Feline chronic gingivostomatitis，FCGS），也就是俗称的口炎，这种口炎和牙周疾病形成的原因不一样，所以即便努力刷牙也有可能无法完全避免口炎的发生。

猫的慢性牙龈口腔炎是由身体过度的免疫反应造成的，本来应该要攻击细菌、病毒的免疫细胞因为免疫系统的错乱而开始攻击自身正常的组织，所以即便在没有病原感染的状况下，也可能造成猫猫牙龈红肿、流血、溃烂等。

目前这个疾病的确切成因还未被厘清，但一些常见的病毒疾病，例如猫艾滋病、猫白血病、猫杯状病毒感染的病患通常发生口炎的比例也比较高；有些牙周疾病的猫猫或者幼年增生性齿龈炎的猫猫，如果没有好好控制，将来也可能引发这种免疫性的口炎。

口炎不只会形成明显的口臭，猫猫也可能因为疼痛而流口水。正常来说，如果我们掀开猫猫的嘴皮，可以看到它们的口腔黏膜呈现淡粉红色；但患口炎的猫猫，常会看到它们的上下颚交界处有一些局部的发红肿胀，严重的则可能会看到大片的黏膜发红、溃烂、出血等。

患有口炎的猫猫牙齿会明显地疼痛，毛爸妈可能会发现它们看起来明明很饿，可是在食物面前却犹豫不敢吃，或者不敢吃干饲料只肯吃罐头。如果是口腔深处严重溃烂的猫猫，连吞咽都会觉得疼痛，就有可能完全不吃饭了。🐾

猫猫如果有口炎问题，要怎么治疗呢？

口炎问题相较于牙周病会更棘手一些，但都必须要去看宠物医生，让医生做详细的检查。通常宠物医生会先仔细确认牙齿的状况，如果同时发现有牙周病，则需要先把牙周病控制好，避免因为细菌的刺激持续诱发免疫反应。如果有些牙齿已经失去功能，医生可能会将其拔除，以免失去功能的牙齿藏污纳垢不易清洁。

控制好牙周病之后，若口腔仍持续发炎，就有可能是免疫性口炎的问题。这类免疫性口炎的治疗以外科手术优先，把持续引起发炎的牙齿拔除。前面提过口炎是过度的免疫反应攻击自身组织造成的，而口腔内一些较大的牙齿，例如臼齿、前臼齿往往就是刺激免疫反应的主要对象，有超过一半的猫猫在把这些大牙拔掉之后口炎就能获得明显改善，甚至不需要长期药物治疗，是非常值得考虑的方式之一。

手术治疗的方式有后口拔牙和全口拔牙两种，后口拔牙是只把口腔深处比较大的臼齿拔除，全口拔牙则是把所有牙齿全部拔除，来减少免疫反应，改善长期发炎的状况。虽然有研究指出，后口拔牙和全口拔牙的效果差不多，但有些猫猫做完后口拔牙之后还是无法有效控制口炎，此时就得考虑全口拔牙了。

全口拔牙对很多毛爸妈来说可能听起来很惊悚，因为猫猫从此再也没有任何牙齿，必须改吃软的或液态的食物，听起来好像很残忍似的。然而，比起无止境的疼痛、溃烂、看着食物却无法入口，其实如果能够让它们的口炎稳定下来，生活质量是可以大幅改善的。有一些多猫家庭的毛爸妈告诉我，一开始他也非常犹豫是不是该让猫猫拔光牙齿，但自从他的猫猫全口拔牙之后，每天都吃得很开心，还胖了1千克。后来家里其他猫发生口炎的时候，他反而毫不犹豫就请我帮它们做全口拔牙了。所以千万不要因为害怕就错失了帮它们改善生活的机会，好好和您的宠物医生讨论，放心选择最适合它们的治疗方式，才能让它们舒舒服服地吃饭。

如果做完全口拔牙还是不能完全控制住猫猫的口炎，宠物医生就可能会给予一些药物来抑制免疫反应，常见且效果较好的就是类固醇类药物，可以明显达到消炎止痛的效果，有时也会搭配一些止痛药来改善猫猫的生活质量。由于病毒感染可能是引发口炎的因子，有些宠物医生也会给予干扰素来抑制病毒、调节免疫系统。市面上还有一些辅助用的产品，例如乳铁蛋白，可以喷洒在口腔帮助猫猫改善口腔发炎的症状。🐾

我家狗狗明明是"大食怪"，整天讨食物吃，却好像怎么吃都吃不胖，甚至还越来越瘦，怎么会这样？

导致狗狗越来越瘦的原因包罗万象，我们可以先从狗狗的食欲状况来区分；如果狗狗因为生病的关系造成食欲下降，吃得少当然就会越来越瘦；如果狗狗食欲旺盛、吃很多东西，却还是日渐消瘦的话，最有可能是消化不良或吸收不良的问题。

"消化不良"和"吸收不良"这两个名词常常被大家混在一起使用，实际上，"消化"指的是将食物中的大分子分解成小分子的过程，而"吸收"则指的是将已经消化的小分子吸收到身体血液里的过程。造成消化不良和吸收不良的疾病各不相同，但只要这两个步骤其中一个出了问题，都会造成吃下去的食物无法顺利转化成身体所需的热量和养分，所以怎么吃都还是越来越瘦。

以狗狗来说，最常见造成消化不良的原因就是胰脏外分泌不足（Exocrine pancreatic insuffciency，EPI）。为什么要用"外分泌"这么奇怪的名词呢？其实是因为胰脏是身体很重要的内分泌器官，我们经常听到的糖尿病就是胰脏的内分泌功能出了问题所造成的。但是除了内分泌之外，胰脏也有"外分泌"的功能，其会分泌含有大量消化酶的胰液到小肠里面，帮助食物消化。如果胰脏外分泌的胰液不足，身体就没有足够的酶将食物消化成养分，也就无法得到营养了。

胰脏外分泌不足有可能是先天性或遗传的，也可能是后天由于胰脏感染、发炎或损伤造成的。常见罹患这种疾病的犬种包括查理士王小猎犬、德国狼犬、长毛牧羊犬和松狮犬等。这些犬种通常在年轻时就开始出现症状，除了食欲旺盛和消瘦之外，大便也常常是软便或稀便，有时还会出现很典型的油腻粪便，其原因是食物中的油脂无法被充分消化而残留在大便里面，也因为大便中还有太多未消化的养分，有些狗狗甚至还会误认为是食物而吃自己的大便。

除了狗狗之外，猫猫也可能会有胰脏外分泌不足的问题，它们有时候身上的毛发会变得油腻，尤其是在肛门和尾巴附近，长毛猫更加明显，身上的毛像人类的油性发质一样，一撮一撮的像涂了发蜡似的。如果猫猫也有体重变轻的情况，最好要找宠物医生检查。

消化不良要怎么诊断和治疗呢？

如果发现毛孩体重越来越轻，即使它精神、食欲都很好，也可能需要找宠物医生检查是否有潜在的消化道问题。胰脏外分泌不足的诊断需要抽血做特殊的检查，称为胰蛋白酶样免疫反应（Trypsin-like immunoreactivity，TLI）。不同于一般的血液检查，这种检查需要将血液样本送到特殊实验室检验，费用也会比一般血检项目贵。

如果确认是胰脏外分泌不足造成的消化不良，治疗上其实并没有办法让胰脏重新分泌足够的酶，一般都是使用口服的方式补充那些缺乏的消化酶，只要在食物当中添加胰脏消化酶即可，而粉末的形式会比药丸的形式更有效。

要注意的是，并非坊间随便买的酶粉末都能达到效果，这些酶粉末必须要有肠溶衣的包覆，才能保证不会在到达小肠之前就被胃酸破坏。所以使用医生处方的原厂药物是非常重要的，千万不要贪小便宜而买到完全没有效果的酶，因小失大。

除了消化酶分泌不足之外，胰脏外分泌不足的猫、狗有80%也会有维生素B_{12}缺乏的问题，因为维生素B_{12}的吸收需要依赖胰脏分泌的一种内因子，在胰脏外分泌不足的情况下，这种内因子也会不足。所以当毛孩被确诊胰脏外分泌不足时，宠物医生通常也会建议同时监控血液中维生素B_{12}和叶酸的浓度，如果维生素B$_{12}$也不足，就要用注射的方式补充。一开始可能会每周打一针，连续施打6周等到稳定后，才改为1个月补充一次。

如果这两种治疗都没有效果，有可能是同时还有其他小肠的疾病。胰脏外分泌不足的狗狗由于太多养分没有被消化，往往会造成肠内菌群的紊乱，有时可能需要抗生素的帮忙。这部分就需要交由宠物医生详细评估，检查有没有其他并发的疾病，千万不要自己买药乱吃。🐾

我家黄金猎犬不到1岁，本来活蹦乱跳的，这几天却突然狂吐不停，无精打采也不肯吃饭，怎么会这样？

1岁前的幼犬、幼猫就跟人类小朋友一样，每天都有用不完的精力，它们通常贪吃、贪玩又贪睡，所以如果发现它们好几天都无精打采、不肯吃饭，那通常就是有大问题了！

宠物医生听到年轻狗狗突然不肯吃饭、狂吐不停，第一个会怀疑的问题一定是消化道异物。所谓的消化道异物，就是毛孩吃了一些不是食物、不该出现在肠胃道的东西。这些东西如果卡在肠胃道里面造成阻塞，食物无法往下消化，毛孩就会一直狂吐。

很多幼年毛孩只要看到地上有东西，就会把它咬来当玩具玩，咬着咬着也分不清楚它是能吃还是不能吃的东西，一口就把它吞到肚子里了。尤其是一些出了名贪吃的犬种，例如黄金猎犬、拉布拉多、柯基犬、法国斗牛犬，消化道异物几乎可以说是造成它们狂吐不止的头号"嫌犯"。

常见被吞下去的异物包括塑料袋、毛巾、玩具、袜子等，还有一些甚至是人类给它们的食物，例如骨头、玉米梗、果核及插了竹签的食物等，都是很常见的"凶器"。

除了狗狗之外，年轻猫猫其实也很容易有消化道异物的问题，因为年轻小猫也非常好奇，看到什么都想逗弄一下，尤其它们喜欢玩毛巾、毛线这种柔软质地的东西，咬一咬就可能不小心把毛线吞到肚子里。所以猫猫最常误吞的就是线性异物，这类线状的物体不是像玉米梗那样把肠胃塞死，而是会在消化的过程中，卡在肠胃的不同段落，造成肠子跟肠子或肠子和胃之间彼此打结，使得肠胃无法正常蠕动而形成阻塞，一样会造成猫猫严重呕吐。🐾

狗狗不小心吞了玩具，一定要看医生吗？不能等它自己拉出来吗？

如果看见毛孩吃到不该吃的东西，第一时间一定要尽快带去医院，宠物医生可以使用一些药物帮助催吐，把异物吐出来。这个时间千万不要拖延，因为异物能够被吐出来的时间，通常只有在毛孩吃下去后的2～4小时内，如果超过4小时，异物就有可能已经离开胃部到达小肠，这个时候即便催吐也不见得能够把异物吐出来了。

如果发现它们吃到异物的时间已经超过4个小时，还是应该带去医院让宠物医生检查。有些异物的体积很小，如果毛孩是大型犬，也是有机会顺利地通过小肠而从大便排出。所以若毛孩完全没有呕吐的现象，精神、食欲正常，有可能就是没有造成阻塞，宠物医生评估后，可能会先让暂时观察着。

一般来说，如果经过好几天甚至1个礼拜毛孩都没有症状的话，可能就是有惊无险，已经顺利排出。不过，我也有遇过几个肠胃阻塞的毛孩，手术后发现异物是1个月前吃下去的，在胃里打转了很久才造成阻塞，所以还是要密切观察，一有症状就赶快看医生。

一旦毛孩有明显频繁呕吐的症状，通常就是异物已经造成阻塞，靠它自己身体的反应已经无法把异物吐出，需要通过手术把它取出。宠物医生会做X线、超声波或消化道造影等检查，来确认是否真的是异物阻塞的问题，并建议进行手术。

如果已经确诊，就最好不要拖延，应该尽快开刀。因为刚刚造成阻塞的异物是最容易取出的，如果异物卡在肠胃道内太久，就会造成局部的肠胃发炎、肿胀甚至坏死、穿孔，造成肠胃道内大量的细菌跑到腹腔，形成细菌性腹膜炎，严重的话很有可能因败血症而死亡。就算运气好保住了小命，坏死或穿孔的那段肠胃道也已经无法复原，必须把它切除，不管是手术难度还是并发症都会变得复杂许多。

只要及早发现、正确诊断、迅速处理，肠胃道异物手术通常都不是太大的手术，而且术后它们很快就能恢复正常的食欲和活力。有些设备比较好的宠物医院，也可以提供内视镜夹除异物的做法，对于食道和胃部异物的病患，可以在完全没有伤口的状况下就把异物取出，这是非常理想的做法。

当然，预防胜于治疗，如果家中有调皮乱吃的毛孩，记得每天都务必要把地上的东西收好，不要让它们有机会接触到可能会被吞下去的东西。记得也要提醒家人，不要乱丢人类的食物给它们吃，尤其人们常常会认为要给狗狗啃骨头，这是完全错误的观念，因为猪骨和鸡骨都是容易造成肠胃阻塞甚至穿孔的元凶。🐾

我家狼犬吃完晚餐之后跟我出去跑步，回到家却倒在地上喘气站不起来，肚子胀得圆滚滚的，怎么会这样？

遇到肚子异常胀大的狗狗，宠物医生会做的第一件事就是叩诊和触诊。叩诊是用手掌或手指关节轻轻敲打肚皮，通过敲击的回音来判断胀大的肚子里面到底装了什么东西。

大型犬突然肚子胀大、瘫软无力，最常见的疾病就是胃扩张扭转（Gastric dilatation vovulus，GDV）。胃扩张扭转通常发生在大型犬身上，尤其是饭后剧烈运动之后，胃部可能沿着长轴像拧毛巾一样螺旋状地扭转，造成胃部的食物和气体都无法往下排出，累积在胃里面造成胃部急速胀大，而极度胀大的胃会压迫身体的重要大血管，造成血液循环障碍。罹患这种疾病的狗狗通常肚子在几小时内就会胀得很大，且由于血液循环受到阻碍导致心输出量不足，它们常是全身虚弱，瘫在地上不断地喘、没有力气。

胃扩张扭转是非常严重的疾病，狗狗有可能在几小时内就会死亡，必须立刻挂急诊紧急治疗。宠物医生会视情况先将胃内蓄积的气体排出，或者直接手术将扭转的胃减压复位。如果没有立刻看医生，扭转太久的胃壁可能会缺血坏死，甚至胃旁边的脾脏也有可能跟着一起扭转坏死。

此外，由于血液循环受到阻碍，腹部的很多器官都得不到充足的血液供应，可能会出现低血压、休克，甚至多重器官衰竭。拖得越久的病例，在手术复位时，坏死组织的毒素就有可能经由血液散布到全身，即使将胃部转回正常的方位，也有可能因为这些毒素而造成狗狗死亡，非常可怕！所以毛爸妈一旦发现不对劲，就算是半夜也一定要立刻带狗狗看医生，千万不能等！🐾

常听人家说有些东西毛孩吃了会中毒，哪些人类的食物是不能给毛孩吃的呢？

在我们的日常生活中，有很多东西是人类可以吃，却不适合给毛孩吃的，如果毛爸妈没有好好了解这些东西对毛孩的危害，除了可能因为没有收好而被毛孩误食之外，更糟的是我们可能出于好意给毛孩吃，反而害毛孩中毒，弄巧成拙。常见不应该给毛孩吃的食物包含以下几种。

SECTION 巧克力

巧克力是毛孩经常乱吃的东西，因为巧克力很香，大家又经常将巧克力摆在客厅或餐桌上，一些贪吃的大狗狗，例如拉布拉多、黄金猎犬等，常常就会按捺不住，把整包巧克力给吃掉。巧克力对人类来说吃多了可能只是导致肥胖而已，但对狗狗会有致命的危险。巧克力含有一些甲基黄嘌呤成分，这些成分会对人产生类似咖啡因的兴奋效果。但毛孩对这类成分能够承受的剂量很低，如果过量就会造成狗狗上吐下泻、口渴、喘气、心跳加速、坐立难安；严重一点的病例甚至会出现肌肉颤抖、癫痫、心力衰竭等症状，最终造成死亡。

不过，可能也有不少人听过其他狗狗吃了巧克力却完全没事的状况，这是因为造成巧克力中毒的关键成分是其中所含的"可可碱"，一般市面上我们常见的巧克力，很多都是浓度比较低的牛奶巧克力，其中的可可碱含量其实不高，除非是深烘焙的黑巧克力，才会含有比较高浓度的可可碱。

一般来说，一只大约23千克的大型犬，如果是吃深烘焙的黑巧克力，大概只要吃28克就会出现中毒症状，但若是市面上的牛奶巧克力，大概要吃到超过255克才会有问题。而更便宜的巧克力可能浓度更低，如果只吃少量可能还不至于造成危害，可以算是不幸中的万幸。不过家里如果有养狗狗，最好还是把这些巧克力收好，避免毛孩误食。

SECTION 葡萄、葡萄干

葡萄和葡萄干是人类经常吃的水果和零食，但对狗狗来说却有严重的毒性，很有可能会造成狗狗急性肾衰竭。葡萄里到底含有什么成分会造成狗狗中毒呢？目前其实还没找到明确答案，也不知道确切的中毒剂量是多少，只知道有些狗狗可以承受少量的葡萄，有些狗狗却特别敏感，只要吃一点点就会立刻中毒，所以一定要尽量避免它们有机会接触。毛爸妈除了要记得把葡萄收好之外，一些可能添加葡萄干的零食也要特别小心，例如早餐吃的玉米谷片或是一些小饼干、西点等，都要小心不要让狗狗吃到。

SECTION 青葱、洋葱、蒜头、韭菜

青葱、洋葱、蒜头、韭菜都是人类食物中经常添加的调味料，可以让我们的食物更加美味，但对毛孩来说却是致命的，而且不管生食或煮熟，都有可能造成毛孩中毒。这些调味料所含的成分，会破坏猫、狗的红细胞，造成溶血性贫血，中毒的猫、狗可能会出现精神萎靡、虚弱、黏膜苍白、流口水等症状，严重的甚至可能死亡。

对于一只体重大约20千克的狗狗来说，大概只要吃100克，也就是大概一颗中等大小的洋葱，就能造成中毒。猫猫则比狗狗更敏感，一只体重2~3千克的猫猫，只要吃到1克的洋葱就会中毒，非常危险。

SECTION 代糖食品

现代人为了避免肥胖，很多甜食都会用代糖来取代天然的砂糖，减少热量摄取。这些代糖食品经常使用的是木糖醇（Xylitol），木糖醇虽然对人类无害，但如果狗狗吃到了，可能会刺激胰岛素大量分泌，在10分钟到1小时内就会造成严重低血糖，引发抽搐甚至死亡。

每千克体重的狗狗大约只要吃100毫克木糖醇，就会造成中毒。日常生活中

最常见的含木糖醇食物就是口香糖，就一般常见品牌的口香糖而言，狗狗大约只要吃2片就可能造成严重的低血糖，吃10片就有可能造成肝脏衰竭。

骨头

骨头虽然不会造成毛孩中毒，却很容易造成肠胃道异物的问题。很多人都以为狗狗就是应该要啃骨头，这是完全错误的观念。之所以会有这样的刻板印象，其实是因为以前大家生活比较穷困，食物不足，当然没有钱给猫、狗吃好吃的食物，所以就把吃剩的骨头丢给狗狗吃。

其实狗狗并不是想吃骨头，而是想吃骨头上面残留的肉屑。啃咬太硬的骨头可能会造成狗狗牙齿断裂，如果不慎将整根骨头吞下去，还可能造成肠胃阻塞。禽类的骨头，例如鸡骨的断端常常非常尖锐，如果吞下去可能会划伤胃肠道，甚至造成穿孔，后果不堪设想。

酒精

跟人类一样，毛孩如果摄入太多酒精也会出现酒精中毒的情况。有些人因为一时好玩就拿烈酒给毛孩喝，其实是很危险的；不过更常见的情况是没有把酒瓶盖好或是不小心打翻酒，而被好奇的毛孩一边玩一边喝掉，意外造成酒精中毒。除了平常饮用的烈酒之外，消毒用的酒精也要小心不要被毛孩喝到，另外一些以酒调味的食物，例如烧酒鸡、酒酿汤圆甚至是发酵的面团都要小心不要被毛孩吃到。如果毛孩体型很小，这些食物中的酒精含量也是有可能过量的。

不慎摄入的酒精大约在30分钟内就会被毛孩的肠胃吸收，所以酒精中毒的症状大概在半小时到1小时内就会出现。轻微的症状可能只是呕吐、拉肚子、头晕、站不稳等类似人类喝醉酒的症状，但如果喝进去的量太多，就有可能引发癫痫、心律不齐、失去意识等，甚至造成呼吸困难、低血糖、低体温或酸血症，一不小心就有可能夺走毛孩的性命！🐾

除了食物之外，有没有其他东西是要注意有可能造成毛孩中毒的呢？

除了前面所说的一些食物之外，其实日常生活中还有很多东西都有潜在的危险，一不小心误食就有可能造成毛孩中毒，以下这些东西毛爸妈一定要多多留意。

SECTION 人用的药物

毛孩由于身体代谢的机制跟人类不同，缺少某些人类有的酶，所以有些人类使用的药物对毛孩来说是可能会造成中毒的，其中最有名的就是对乙酰氨基酚。有些人看到毛孩不舒服，以为它们是感冒了，就自作主张拿家里的对乙酰氨基酚感冒药给它们吃，但这个药物对猫、狗来说是很容易中毒的。

毛孩在服用对乙酰氨基酚1~4小时后，就有可能出现恶心、流口水、腹痛、喘气、精神不振等症状。对乙酰氨基酚会影响红细胞携带氧气的能力，毛孩的黏膜，例如牙龈可能会变成紫黑色，尿液也可能变成深咖啡色，甚至还有可能会造成毛孩死亡。其他一些人用的消炎药或止痛药，也可能造成毛孩肾脏衰竭或肠胃溃疡，所以千万不要自己胡乱用药。

SECTION 百合花

百合花虽然不是食物，却有可能摆放在客厅或办公室里，如果毛爸妈家中有百合花的饰品，猫猫可能会因为好奇而去玩弄、舔咬百合花，一不小心就会造成中毒。对猫猫来说，纯种的百合花整株都有毒，包括花瓣、花粉、叶子、枝干等，甚至连花瓶里的水都有可能造成中毒。只要吃到或舔到百合花，大约12小时内就会造成肾脏的伤害，如果没有积极治疗，1~3天内就可能因为肾衰竭造成死亡，千万不能疏忽。

SECTION 老鼠药、蟑螂药

很多老鼠药、蟑螂药，为了吸引目标来吃，都会混入食物的香味，有时不小心就会被家里的毛孩误食而造成它们中毒。老鼠药毒杀老鼠的机制，常见的是使用抗凝血剂，食用后会造成毛孩凝血功能异常，稍微一点小小的伤口就会出血不止，严重的甚至可能内出血或七孔流血而亡。

另外，还有一种老鼠药使用的不是抗凝血剂，而是造成神经毒性的药物，这种药物会造成脑部和脊髓的水肿，进而造成全身性的神经症状，在食入后的4～36小时，可能会出现肌肉颤抖、癫痫、发烧、后肢反射异常、瘫痪、中枢神经失调，甚至造成死亡。如果发现毛孩误食老鼠药，应该带着药物的包装，尽快带它们去医院催吐，并注射解毒剂。

SECTION 除虫菊

除虫菊是一种天然萃取的物质，经常被添加在杀虫剂当中。除虫菊的使用对大多数的哺乳类动物都是安全的，对狗狗来说，除虫菊算是相对安全的成分，所以很多狗狗的除蚤产品，例如除蚤用的洗毛精等，都有可能添加除虫菊作为天然的配方。

然而，猫猫对于除虫菊特别敏感，毛爸妈如果剂量没有拿捏好，很容易造成毛孩中毒，所以经常有毛爸妈拿狗的洗毛精来帮猫猫洗澡，或是拿狗用的除蚤滴剂滴在猫猫身上，不慎被猫舔到就造成中毒。除虫菊中毒的猫猫，可能会出现流口水、颤抖、坐立难安、癫痫、呼吸困难的症状，如果没有及时治疗也可能会造成死亡。虽然低剂量的除虫菊对有些猫猫来说还可以承受，但对幼猫还是很容易造成中毒，毛爸妈还是要尽量避免使用这类产品。

SECTION 清洁剂

各种清洁剂包括漂白水、洗衣精，甚至是一些强酸、强碱的消毒剂或马桶疏通剂，都有可能造成毛孩上吐下泻、流口水、皮肤和口腔化学灼伤、发抖，甚至癫痫等。这些化学药剂平常就应该收好，不要让毛孩有机会接触。

如果不慎吞食腐蚀性的药剂，宠物医生可能不会用催吐的方式处理，以免造成二次伤害。可能会用大量生理食盐水稀释，用洗胃的方式将这些药剂清除，有些毒素也有可能被活性炭吸收排出。不同的药剂可能有不同的处理方式，需要由宠物医生详细检查，来选择对它们最好的治疗。🐾

不管是吃到哪一种东西造成的中毒，一定要第一时间带去医院给宠物医生检查和处理。如果吃到的商品留有包装，最好能带着原包装到医院，给医生做参考，确定其中的成分和含量。

如果在食入后的4个小时内，宠物医生可能会尝试帮它们催吐，也可能会考虑洗胃，减少毒素被吸收的机会。如果发现毒素已经被吸收且出现症状，宠物医生可能就会对症治疗，用一些解毒剂或拮抗剂来缓解毛孩的症状。只要早期发现、早期治疗，很多时候都还是有机会挽回的。

毛爸妈平常应该随时把可能造成中毒的食物收好，并且尽量避免给毛孩喂食人吃的食物。如同前面所提到的，有些人吃的食物对毛孩来说是有毒的，就算没有毒，食物中的调味对毛孩来说也太咸、太油腻，很容易引发肠胃不适，甚至胰脏炎、异物阻塞等，有百害而无一利。另外，人类常用的很多药物也会造成猫、狗中毒，千万不要为了省钱省事就喂它们人吃剩的饭菜，甚至人类药物，到头来可能反而要花更多的医药费。

我家猫猫最近总是频繁跑厕所，医生说它有膀胱结石，结石是怎么形成的呢？

膀胱结石在猫、狗中是很常见的问题，主要是尿液中的钙、镁等离子在膀胱内沉淀、凝集，形成大小不一的石头。这些石头在膀胱内会不断刺激膀胱黏膜，造成膀胱发炎、增厚、充血、渗血；有些石头的表面可能粗糙，会刮伤黏膜造成膀胱出血，我们就会看到毛孩尿血、猫砂块变粉红色的现象。

膀胱结石不只是物理性地刺激膀胱黏膜，它的表面也会藏污纳垢，变成细菌的温床。所以很多有膀胱结石的毛孩同时也有尿路感染的问题，尤其是母狗、母猫因为尿道比较短，更容易有脏污经由尿道跑进膀胱里，这些细菌在膀胱里面繁殖，一样会造成膀胱发炎、增厚、出血。膀胱发炎的毛孩在排尿时会觉得疼痛，而且只要稍微有一点点尿液在膀胱内就会不舒服而想要赶快把它排掉，这就是为什么毛孩会频繁跑厕所，每次又都只尿一点点的原因了。

如果发现猫、狗有频尿、血尿的症状，可以尝试在家收集尿液，或者拍照带去给宠物医生检查。医生通常会建议进行腹部X线检查、超声波检查及尿液培养，来确认尿中有没有结石或细菌感染。如果有细菌感染可能需要服用抗生素治疗；如果有结石则可能需要做手术，或改吃处方饲料调整尿液的酸碱值，有机会可以溶解或预防结石的发生。

居家照顾的部分，让毛孩多喝水是非常重要的，因为如果水分不足，尿液就会变得很浓，就比较容易沉淀形成结石。我们可以用饮水机、喷泉，或改喂湿食来鼓励它们多摄取点水分。平时也应尽量避免让毛孩憋尿，猫砂要勤做清理，多猫家庭的猫砂盆至少要比猫的总数多一个，以免它们抢厕所或不敢去上厕所。如果家中狗狗习惯外出上厕所，那么一天至少要带它们出去3~4次，以免憋尿太久。🐾

我家猫猫今天好像常常跑厕所，清猫砂的时候发现尿块都很小，而且一整天都没什么食欲，怎么会这样？

膀胱如果形成了一些小石头或细砂，在排尿的过程中排到了尿道里，就有可能卡在尿道里面造成阻塞，尤其是公狗和公猫的尿道比较长，阴茎部的尿道又比较窄，如果砂石卡在阴茎就有可能完全塞住造成排尿困难。我们会看到毛孩很努力地蹲厕所想要尿尿，很用力却尿不出来，每次只能挤出几滴尿。如果是尿道阻塞的问题就必须立刻看急诊，因为如果尿液完全无法排出，这些尿液就会累积在膀胱内一路阻塞造成肾积水。如果尿液中的毒素持续无法排出，就会造成尿毒症以及高血钾，在短时间内就能致命，千万不能轻忽！

除了砂石之外，更麻烦的是，猫猫有所谓的猫下泌尿道疾病（Feline lower urinary tract disease，FLUTD），它包含好几种影响猫猫下泌尿道（也就是膀胱和尿道）的疾病，其中最常见的就是猫自发性膀胱炎（Feline idiopathic cystitis，FIC），大约占了猫下泌尿道疾病的2/3。

前面有提到，结石和感染有可能导致膀胱发炎，但猫猫有时可能没有结石也没有感染，却莫名其妙地膀胱发炎。膀胱炎除了会导致频尿、血尿外，严重的发炎反应还可能产生血块、结晶、黏膜块，而公猫的阴茎尿道非常狭小，这些小血块、黏膜块很有可能会阻塞尿道，使它们无法排尿，造成急性尿毒症。有些公猫即使尿道内没有造成阻塞的物质，也可能因为尿道肌肉痉挛而尿不出来，这些状况都必须立即就诊，有可能需要紧急插导尿管导尿。

除了参考前面结石问题的建议做法外，在猫下泌尿道疾病和猫自发性膀胱炎的部分，已经有研究发现，压力是导致疾病的重要原因，所以要尽量避免可能造成猫猫压力的事件，例如搬家、环境改变、新成员加入、陌生人拜访或其他可能造成猫猫紧张、恐惧的事情。平时也要多陪猫猫玩耍，准备各种不同的玩具、跳台，让它们每天保持新鲜感，有适度的运动才能够避免肥胖，缓解压力。🐾

我家狗狗的尿液最近变得好臭，好像还有点混浊，怎么会这样？

尿液腥臭、混浊常常是泌尿道感染的症状。母狗因为尿道较短，平时坐在地上容易接触到脏污，外界的细菌很容易就沿着尿道上行跑进膀胱，造成膀胱和尿道的感染，形成细菌性膀胱炎和尿道炎。这些细菌除了造成发炎之外，身体的白细胞在对抗它们的过程中也有可能形成脓样分泌物，我们看到混浊的尿液就包含这些发炎的细胞和分泌物，经显微镜确认含有大量白细胞，我们就称之为脓尿（Pyuria）。

脓尿除了泌尿道的问题之外，由于排尿会经过外生殖器，如果母狗生殖道感染，例如阴道炎或子宫蓄脓等，它们的分泌物也有可能随着尿液排出，让毛爸妈以为是泌尿道的问题。

除了母狗比较容易感染之外，公狗如果有脓尿，除了可能是膀胱炎，还有可能是前列腺的问题。一般公狗在绝育之后，前列腺由于缺乏雄性激素的刺激，会退化缩小，变成没有功能的结构。但未绝育的公狗，前列腺就会持续工作，分泌一些精液的成分。

在年轻时前列腺通常不会有什么问题，老年之后狗狗跟人类一样也会有前列腺肥大的问题。前列腺肥大虽然通常是良性的，但比较容易出现一些发炎甚至感染的现象。严重的前列腺感染甚至可能会演变成脓肿（Abscess），也就是整个前列腺像流沙包一样蓄积了大量的脓液，造成细菌在里面滋生，难以清除。这些脓液也会在尿尿的时候跟着尿一起流出，变成我们看到的混浊、腥臭的脓尿。

除了感染和发炎之外，前列腺肥大也有可能压迫尿道，造成老狗的排尿困难，尿尿时可能要蹲很久，每次只能尿小小一摊，甚至可能造成血尿、疼痛或者后脚的跛行，对它来说是非常不舒服的。🐾

要怎么预防狗狗泌尿道感染和发炎呢？

憋尿会造成尿液存留在膀胱内太久，容易滋生细菌，所以要尽量避免狗狗憋尿。如果狗狗习惯外出上厕所的话，毛爸妈要多带它出去散步，一天最好能超过3~4次。大小便之后要注意清洁，避免粪便或脏污沾染在外生殖器上，减少细菌感染的机会。母狗建议尽早绝育，避免反复的发情增加泌尿道感染和发炎的风险。公狗由于老年容易有前列腺的问题，如果不需要繁衍后代的话，其实也可以考虑绝育，可以大幅减少前列腺发炎的概率。

毛爸妈平常可以多观察毛孩尿液的颜色、多寡，以及它们尿尿的次数、动作、时间等，如果发现频尿、脓尿、排尿困难的症状就要尽早去医院看医生。想确诊泌尿道感染必须要将尿液送去实验室做细菌培养，正常的尿液是无菌的，如果送检的尿液里面有细菌，就可证明尿中有感染的情况，同时还可以一并测试哪一种抗生素对这个细菌最有效。

由于送检的样本不能有任何环境中细菌的污染，所以收集狗狗尿在地上的尿液是不能做细菌培养的，必须要宠物医生用针直接穿刺膀胱采样，才能确保样本干净不受污染。一旦培养结果确认有细菌感染，就必须要遵照医生的指示，选择有效的抗生素治疗，而且一定要坚持吃药完成整个疗程，不可以擅自停药，否则容易产生抗药性。通常疗程结束后，宠物医生可能会建议再做一次细菌培养，确认膀胱内没有细菌，才算整个疗程结束，否则如果没有清除干净，停药之后可能又会复发。🐾

医生说我家狗狗有尿路感染，我都遵照医生的指示治疗，但病情却一直反反复复，怎么会这样？

如果狗狗的尿路感染很难根治，或是每次治好之后过一段时间又复发，则要考虑是不是有其他问题造成它们的膀胱、尿道很容易受到细菌感染。如果狗狗有膀胱结石，这些结石的表面容易藏污纳垢，细菌可能会躲在缝隙里面而不容易被完全清干净。

另外，还有一些内分泌疾病也会比较容易造成泌尿系统的感染，其中最常见的就是糖尿病，因为尿中有糖，这些糖分很容易被细菌利用，成为它们大量繁殖的养分，所以糖尿病的病患我们都会定期地检查它们的尿中是否有细菌感染的现象。

另一个常见泌尿系统感染的内分泌疾病，就是肾上腺皮质功能亢进，又称为库欣综合征，这种疾病会使肾上腺皮质激素（adrenocortical hormone）分泌过多，导致免疫力下降，所以有这种疾病的狗狗会比较容易被病原感染。同时，库欣综合征也会影响血糖的调控，进一步引发糖尿病，因而很容易有细菌性膀胱炎的问题。

反复的尿路感染首先一定要做完整的尿液培养，确认所使用的抗生素真的对目前感染的细菌有效，避免因为抗药性造成治疗失败。如果有膀胱结石的状况，可以试着用内科的方式溶解结石，或者以手术的方式取出，避免结石留在膀胱内造成黏膜刺激和细菌滋生。

如果除了泌尿问题之外，还有其他症状让医生怀疑可能是内分泌疾病的话，宠物医生可能也会建议做进一步的血液检查和内分泌检查，这部分的详情可以参考本书的内分泌章节（第161～168页）。🐾

我家狗狗的尿液会起泡沫，这是正常的吗？

狗狗的尿液如果产生明显泡沫，好像啤酒那样（抱歉这个描述太有画面），有可能是尿中的蛋白质过多，也就是蛋白尿（Proteinuria）的问题。

肾脏中负责过滤血液的滤网结构称为"肾小球"，正常情况下，肾小球滤网的孔洞很小，大部分身体中重要的蛋白质是无法被滤出的，只有小分子的毒素和废物才会通过滤网被排出。这些过滤后的尿液会往下进入"肾小管"，就算有少量的蛋白质不小心被过滤出来，也能在肾小管被重新吸收回体内，所以正常的尿液当中应该是不会含有蛋白质成分的。然而，如果肾小球或肾小管发生了疾病，就可能导致蛋白质大量地漏出，或者无法正常地被重吸收，则蓄积在尿液当中形成蛋白尿，这类造成蛋白尿的肾脏疾病我们称为蛋白丢失性肾病（Protein-losing nephropathy，PLN）。

蛋白丢失性肾病包含了很多种疾病，其中肾小球肾炎（Glomerulonephritis，GN）会导致滤网的孔洞变得很大，造成蛋白质大量流失，形成严重的蛋白尿。造成肾小球肾炎的原因，可能是传染病，包括心丝虫病、埃利希体病或其他壁虱传染的疾病，也有可能是细菌或病毒的感染。

另外还有一些内分泌的疾病，例如糖尿病；自体免疫的疾病，例如红斑狼疮；或者恶性肿瘤都有可能造成蛋白尿。老年动物尤其是慢性肾病的病患常常并发高血压的问题，持续的高血压也会冲击肾脏造成肾小球的损伤，使得蛋白质容易渗漏，这也是蛋白尿很常见的原因之一。所以我们对蛋白尿的病患都会定期追踪血压，确保没有高血压的问题。

还有一些不是肾脏问题的疾病也可能造成蛋白尿，包括血中蛋白质突然过多，例如红细胞异常溶解造成血红素蛋白大量散入血液当中，或是因为肌肉严重受伤造成大量肌红蛋白跑到血液当中。

突然大量的蛋白质冲进肾脏的过滤系统，超过了肾脏的负荷，肾脏无法有效将多余的蛋白质重吸收回来，就会留在尿液中，形成血红蛋白尿

（Hemoglobinuria）或肌红蛋白尿（Myoglobinuria），这种情况也是属于蛋白尿的一种。除此之外，多发性骨髓瘤也会产生大量异常的蛋白质进入血液，也一样会造成蛋白尿的问题。

罹患蛋白丢失性肾病的狗狗，一开始可能没有明显症状，但由于蛋白质持续流失，可能就会造成体重下降、消瘦、精神变差的状况。当血液中的蛋白质流失太多，就可能造成血中的白蛋白不足，而白蛋白是维持血液渗透压的重要因子，一旦出现低白蛋白血症（Hypoalbuminemia），就可能会造成水分无法保留在血液中而渗漏到血管外，造成全身水肿、胸水、腹水等。

另外，蛋白质的流失也可能造成凝血系统的不平衡，使得凝血功能异常旺盛，容易形成血块堵塞血管。如果这些血块堵塞供应身体器官的血管，就可能造成梗死（Infarction）；而如果造成脑部的梗死，就是我们俗称的中风，会造成很多神经系统症状。🐾

KIDNEY & URINARY
肾脏&泌尿

我家猫猫最近尿量好多，每次清猫砂都好大一块，而且还狂喝水，这是怎么回事？

毛孩尿量变多而且狂喝水的现象，在医学上我们特别称之为"多尿多饮（Polyuria/Polydipsia，PU/PD）"。毛爸妈会发现猫猫多尿多饮的现象，通常是在清猫砂的时候发现尿块特别大，尤其如果是多猫家庭，可能会发现其中一只猫的尿块比起其他猫大很多，仔细观察可能也会发现它去尿尿的次数也比其他猫多。猫猫通常不爱喝水，需要湿食或喷水池鼓励它们喝水，但有多尿多饮现象的猫，可能会发现它们不停地狂喝水，甚至来不及帮它们补充水碗。

除了猫猫之外，狗狗也有可能出现类似的情况，不过狗狗的喝水量本来就比猫多，一般不容易注意到它们喝水变多，但通常会被毛爸妈发现的是它们每次尿尿变得很大摊，而且看起来很稀，甚至像清水一样。如果需要外出尿尿的狗狗，毛爸妈可能也会发现他们需要遛狗的次数变多，甚至狗狗出现晚上没有办法睡过夜直接尿在家里的情况。以上这些现象都是多尿多饮的典型症状。

那么，多少尿量才算是太多呢？正常猫、狗制造尿液的速度大约每千克体重每小时会制造1~2毫升，也就是每千克体重一天大约会制造20~40毫升。如果以10千克狗狗为例，正常一天的尿量就大约是200~400毫升。如果一天尿量超过每千克50毫升，例如10千克狗狗一天尿量超过500毫升的话，就被认为是尿量太多，有多尿的症状。如果在一天内每千克体重喝水超过100毫升，也就是10千克狗狗一天喝超过1000毫升水的话，就被判定有多饮的症状。

多尿多饮常常是一起发生的，造成的原因非常多。通常都是尿量先变多之后，由于水分大量流失，造成动物非常口渴而想要多喝水来补充流失的水分。在老年猫、狗中，最常见造成多尿多饮的原因就是慢性肾病。肾脏在功能正常的情况下，会尽量将水分重新吸收回身体内，浓缩尿液，避免水分流失过多。慢性肾病的猫、狗，由于肾脏结构逐渐退化，浓缩尿液的功能就会越来越差，造成水分大量流失，尿液就会被稀释，尿量就会过多。🐾

除了肾病之外，还有其他疾病会造成毛孩多尿多饮吗？

很多内分泌疾病都会造成多尿多饮，其中糖尿病就是很常见的造成多尿多饮的内分泌疾病，人类的糖尿病患者也有类似的情形。糖尿病是身体对血糖的调控出了问题，造成血糖长期过高。正常情况下，肾脏滤出的糖分应该被肾脏重吸收回来留在身体里利用，但患糖尿病时血糖高到超过肾脏重吸收的能力，多余的糖分就会被滤出留在尿液当中，形成所谓的糖尿（Glycosuria）。这些尿中的糖分有很高的渗透压，会将肾脏细胞间质的水分拉进尿液当中，造成尿量增加，形成多尿的症状。

还有一种狗狗常见的内分泌疾病也会导致多尿的症状，就是肾上腺皮质功能亢进。这种疾病会造成肾上腺皮质激素分泌过多，抑制抗利尿激素的生成，导致肾脏对水分的重吸收能力下降，进而形成多尿。有时这个疾病也会并发糖尿病，情况就会变得更为复杂了。有趣的是，除了肾上腺皮质功能亢进会造成多尿之外，肾上腺功能不足也会造成多尿。

肾上腺功能不足影响的是另外一种激素叫作醛固酮（Aldosterone），当醛固酮不足时，肾脏对钠离子（也就是盐分）的重吸收能力就会下降，这些盐分停留在尿液当中也会增加尿液的渗透压，造成周围的水分被排进尿液，形成多尿的症状。除了以上介绍到的几种疾病之外，多尿多饮还有很多其他不同的成因，必须要请宠物医生做进一步的检查才能够确认。

多尿多饮这个症状通常是慢性的，一般不会立即造成生命危险。但如果没有留意，动物持续大量流失水分，喝水的量又不足以补充时，就有可能造成脱水，进而恶化器官功能，尤其是肾脏最容易因为脱水而受到伤害。

所以我们平时就要多注意毛孩尿尿、喝水的量，如果发现尿量和喝水量有异常增多的话，就建议带去给宠物医生检查。毛爸妈可以尝试收集毛孩早上醒来第一次排尿的尿液，带去医院做基本的尿液检查。宠物医生通常也会建议做一系列基本的血液检查，看是否有相关的线索需要进一步追踪。一旦确认有慢性病的存在，就要配合医生的指引长期治疗。

发现毛孩有多尿多饮的症状时，千万不要因为担心毛孩喝太多就限制它们的喝水量。因为这些疾病通常会造成水分大量流失，毛孩狂喝水是为了赶快补充流失的水分，其实是一种自救的方式。

我们除了要提供毛孩充足的水源之外，也可以给予湿食增加水分的摄取。如果光靠喝水已经无法补足水分需求，宠物医生可能还会建议住院打点滴，或者教毛爸妈在家帮毛孩进行皮下输液，避免它们脱水。

在家自行皮下注射对很多人来说可能听起来很可怕，但其实只要遵照医生指引多加练习，大部分毛爸妈都能顺利学会皮下注射。如此不仅可以帮毛孩控制病情，也可以减少来回医院的奔波，是非常方便有效的方式。🐾

医生说要帮我家毛孩验尿，那验尿是验哪些项目呢？

毛爸妈平常可以多观察毛孩尿液的状况，如果发现和平常不同，就要收集毛孩的尿液去做检查；也可以将尿液检查当作定期健康检查的一部分，每年定期检测尿液有无异常。

定期的尿液健康检查不一定要带毛孩出门，基本的尿液检查只要收集尿液，带去医院检查即可，相当方便。基本的尿液检查包含尿比重测定、尿液试纸，以及显微镜下的尿渣检查，这些检查的内容如下表。

检查项目	详细内容
尿比重（USG）	可以让我们了解毛孩肾脏的浓缩功能是否正常，产生的尿液会不会太稀
尿蛋白-肌酐比（UPC）	若要诊断蛋白尿，第一步可以先从尿液试纸初步判定严重程度。然而，尿液试纸的准确度并不够高，如果高度怀疑毛孩有蛋白尿的问题，宠物医生会建议毛孩进一步做UPC的检测，以确认尿中蛋白质的含量。UPC除了可以准确判断严重程度之外，也可以通过数值推测疾病的来源，并追踪治疗的成效
显微镜尿渣检查	将尿液离心后，用显微镜检查尿中的沉淀物质，看是否有红细胞、白细胞，或异常的结晶、上皮细胞、肿瘤细胞及尿圆柱体等
尿液试纸	可以检测尿液的pH，了解尿中是否含有蛋白质、糖分、酮体、胆红素、红细胞、血红素、白细胞等

除了注意尿液情况之外，平常最好定期测量毛孩的体重，至少1个月1次，如果发现毛孩体重逐渐变轻，或肚子异常膨大，就要赶快带去给宠物医生检查。🐾

我家狗狗年纪大了之后好像不太愿意走路，这是为什么呢？

　　年纪大的狗狗不愿意走路，大部分是因为关节退化造成的，我们称为退行性关节病（Degenerative joint disease，DJD）。关节指的是骨头和骨头之间的交会处，我们熟悉的大部分关节都是属于可动关节，它可以让两个骨头以一定的角度活动，让毛孩可以行走或做出日常生活需要的动作。

　　关节有所谓的关节囊，可以维持相连骨头之间的距离，并制造润滑关节的液体，而骨头的末端也会被光滑的软骨包覆，使得关节在活动时能够减少摩擦，例如手肘或膝盖平顺地伸直或屈曲。

　　随着毛孩的年纪越来越大，形成关节的相关结构开始退化，关节面可能会变得不平滑，使得关节在活动时的摩擦增加，阻力变大。同时，关节软骨会由本来柔软富有弹性的结构变成僵硬而脆化的组织，甚至在严重的情况下，有可能会破裂、剥落，使得软骨碎片掉进关节腔里，导致每次关节活动时都会被碎片卡到。这些阻碍关节活动的状况，会造成关节磨损、发炎，并产生疼痛的感觉。

　　所以我们会发现年纪大的狗狗从躺卧的姿势起身时比较辛苦，走路变得缓慢或不太愿意走路，走几步路就想停下来休息，无法上下楼梯、跳上沙发等。也有些狗狗会因为尿尿、大便时蹲下的动作造成关节不舒服，导致它们变成边走路边排泄；或者是坐下休息时无法顺利弯曲双脚，而变成双脚伸直的坐姿，这些都是退行性关节病可能出现的症状。🐾

我家猫猫以前很喜欢跳上跳下，但是老了之后就整天懒洋洋的不肯动，只是因为年纪大了而已吗？

其实除了狗狗之外，年纪大的猫猫也会有慢性退行性关节病的问题，只是因为猫猫不像狗狗一样天天要出门散步，所以毛爸妈们可能很容易忽略它们的关节问题。它们的表现常常跟我们对老猫的印象一样，由于走路和跳跃都会疼痛，所以它们干脆不动，整天懒洋洋、一直在睡觉，对逗猫棒等玩具也毫无兴趣。

毛爸妈们可能会发现以前总是高高在上的猫猫，年纪大了之后都不跳猫跳台了；而本来会跳上沙发、跳上床撒娇的猫猫，现在似乎也不太理人了，这些我们印象中"正常老猫"会有的变化，其实可能都是关节炎导致的。

另外还要补充一个年轻时就经常存在关节问题的猫猫品种，就是折耳猫。折耳猫之所以折耳并不是因为这样比较可爱，而是因为天生基因突变造成软骨的发育畸形，外观上最明显的特征就是耳翼的软骨没有起到支撑作用，形成折耳。当然，除了耳朵之外，全身的关节也都有软骨存在，这个基因突变也会影响全身骨头和软骨的发育，称为骨软骨发育不良（Osteochondrodysplasia）。

这些发育异常的骨骼和软骨形成的关节也会畸形，所以很快就会产生退行性关节病，导致严重的疼痛，甚至造成膝盖和踝关节的融合，使得这些关节无法正常活动。🐾

关节有问题的毛孩，应该怎么帮它们保养呢？

退行性关节病通常可以靠一些关节保健食品来改善症状，市面上很多不同厂家都有推出关节保健的营养品，它们的成分大多是Omega-3、鱼油、葡糖胺、软骨素、绿唇贻贝提取物等，这些成分可以帮助关节润滑，也有缓解炎症的效果，大多都能够有效改善关节疼痛。

由于组成成分不同，每个毛孩服用后的效果也会有差异，毛爸妈们可以多多尝试不同品牌的补充品，有时这个牌子没效，换另一个牌子就能改善了。此外，还有一些饲料厂家也有推出关节处方饲料，其中一些配方可以帮助关节润滑、维持关节健康。不过饲料的选择牵涉到营养学的问题，毛爸妈一定要咨询宠物医生，经过宠物医生的专业评估，确定适合毛孩身体状况适合后再购买，才不会造成其他的营养问题。

除了口服的营养补充品之外，有些宠物医院也有提供针剂的关节保护药物，可以通过定期的注射来改善关节的发炎，有需要的毛爸妈可以向您的家庭宠物医生询问。如果是已经影响毛孩的生活质量的很严重的关节炎，例如排尿、排便都无法站稳，甚至已经疼痛到无法站起身来走路的情况，就需要宠物医生开一些比较强的消炎止痛药物来治疗。

这些消炎药物有的需要注射，有的需要口服，由于它们可能会有一些副作用，所以通常都有一定时间的疗程，而不会长期服用，毛爸妈一定要遵照宠物医生的指示给药，千万不能任意加药，更不能拿人类的消炎药给毛孩吃，不然后果可能会不堪设想。🐾

我家2岁的狗狗，最近走路有时会缩着后脚，医生说它是膝关节异位，那是什么？

狗狗后脚的膝关节和人类相似，是一块圆形的膝盖骨放在大腿骨的凹槽里面所形成的关节，这块骨头的上下有肌腱拉住，使得后脚在弯曲和伸直时，膝盖骨能够纵向地在大腿的凹槽里面滑动。正常状况下，不论是弯曲还是伸直，膝盖骨都应该保持在凹槽里面不会跑出去。

然而，有些狗狗的这个凹槽天生就比较浅，没办法好好地容纳膝盖骨，如果它们又激动地跑跳，有时膝盖骨就会往侧面移动，跑出这个凹槽，也就是所谓的膝关节异位（Patella luxation），或称膝关节脱臼、膝关节脱位等。

哪些狗狗容易有膝关节异位的问题呢？以台湾常见的犬种来说，吉娃娃犬、约克夏梗、博美犬、玩具贵宾犬、波士顿犬等小型犬是最常见的。这些品种的狗狗先天大腿骨的凹槽就发育得比较浅，深度不够而无法好好固定膝盖骨，造成膝盖骨容易滑出轨道。尤其那些刻意人为繁殖的，例如茶杯贵宾这种畸形犬种，它们的发育会更加异常，更容易有膝关节异位相关的问题。

除了小型犬之外，中大型犬也有可能存在这个问题，沙皮狗、秋田犬等都是常见易发生膝关节异位的中大型犬。膝盖骨脱出的方向有可能是往脚的外侧或内侧，一般来说，小型犬比较容易向内脱出，中大型犬则比较容易向外脱出。有些狗狗是单侧脚有这个问题，但有一半左右的病例都是双侧膝盖同时发生异位。

怎么知道我家狗狗膝关节异位是否严重呢？

膝关节异位可分成四个等级，宠物医生会通过触诊来评估严重程度。

第一级
膝盖骨平时没有脱臼的状况，但用外力可以将膝盖骨推出凹槽，放开后就立刻回到原位。

第三级
膝盖骨平时大部分时间都呈现脱臼状态，不在凹槽内，但用外力可以把它推回凹槽。

正常
即使用外力推膝盖骨也无法将它推出凹槽。

第二级
膝盖骨偶尔会脱出，但大部分时间都没有脱臼的状况。若施加压力可以将膝盖骨推出凹槽，但放开之后膝盖骨不会自动回到原位，需要人为把它推回去。

第四级
膝盖骨持续在脱臼状态，即使用外力也无法让它回到正常位置。

　　轻微的膝关节异位可能没有症状，大部分出现症状的狗狗，都是在跑步、跳跃、急停、急转弯等动作之后，突然缩起一只脚，只用三只脚着地，或者出现跛行的症状。这个动作可能很短暂，很快就恢复正常，但如果长期累积下来，也可能会发现跛脚的症状越来越频繁，甚至完全只能用三只脚走路。

　　由于膝盖骨不断地在凹槽的位置滑进滑出，会持续磨损局部的组织，长时间也会演变成前面提过的退行性关节病，造成发炎、疼痛。长期严重的膝关节异位还可能会造成小腿的扭转变形，并出现类似"青蛙腿"的现象，后脚好像青蛙一样只能弯弯地以半蹲的姿势走路，非常可怜。🐾

膝关节异位要怎么治疗呢？

膝关节异位是可以通过手术来矫正的，但如果只是轻微的异位，或者没有症状的狗狗，通常并不一定要立刻接受手术，如果已经有明显的症状造成狗狗不舒服，通常就会建议手术治疗。要注意的是，是否需要手术治疗跟它的分级严重程度有时不见得会完全一致，毛爸妈可以带着毛孩向宠物医生或骨科专科医生咨询，宠物医生会综合触诊和X线检查的结果来评估是否需要手术。

当然，手术一定伴随着一些风险，依照病况的不同，手术之后也不见得一定能立刻恢复。尤其是长期跛脚的狗狗，有问题的那只脚可能已经因为长期不敢使用而造成肌肉萎缩，即便膝关节矫正了肌肉也不见得有力气行走。所以手术后还要依照医生的指引，配合做复健、按摩、针灸等，让它慢慢练习用回那只脚，才能慢慢恢复功能。

先天的发育问题我们无法控制，但如果已经知道狗狗有轻微的膝关节异位，要怎么防止恶化呢？首先，毛爸妈应该避免让毛孩剧烈运动、激烈追逐、急停、跳跃、急转弯等，这些动作会让膝关节承受非常大的压力，除了膝关节可能异位外，还可能扭伤肌肉，甚至造成十字韧带断裂，一定要小心！

另外，也要避免让狗狗只用后脚站立，虽然狗狗做"拜拜""拜托"的动作很可爱，但这样的动作其实对它们的膝关节是有很大负担的，尤其对于胖狗，负担更是沉重，应该尽量避免。

由于膝盖骨长期在关节面的滑动、磨损也会引发退行性关节病，所以在使用保养品方面，如同之前提过的，可以补充Omega-3、鱼油、葡糖胺、软骨素、绿唇贻贝提取物等，也可以尝试关节处方饲料。不过如果症状严重的，还是应该咨询骨科医生安排手术，才是治本之道。🐾

我家狗狗最近突然一直歪着头走路，而且常常重心不稳，怎么会这样？

　　狗狗如果听到感兴趣的声音，或想看得更清楚的时候，有时会有短暂的歪头动作，看起来好像很疑惑的样子，十分可爱。但如果这个歪头动作一直持续而且无法恢复正常，就有可能是疾病造成的了。

　　毛孩要维持身体平衡，主要靠的是前庭系统的神经构造，这个系统在两边耳朵的内耳深处有一对传感器，可以监测身体的运动和保持姿势的平衡。由于身体的运动包含旋转和移动，所以前庭系统也由两个部分组成，包括感测旋转动作的半规管系统，以及感测直线加速的耳石。

　　通过前庭系统来接收和分析外界状况，再发送信号给全身的肌肉，身体就能保持正常的平衡状态。如果前庭系统出了问题，平衡感混乱，身体就可能会歪向一边。

　　身体无法保持平衡状态时，除了外观上会看到头部歪向一边之外，倾斜那侧的肌肉张力也会比较差。同时，毛孩也会像晕车一样，觉得整个世界天旋地转，非常头晕。因此歪头的动物通常会伴随着走路不稳，且容易往倾斜的那一侧跌倒，也常常因头晕而造成呕吐的症状，如果实在晕眩得很不舒服，也可能会有食欲减退，甚至完全不肯吃饭的情况，毛爸妈都要特别留意。

　　除了歪头之外，有些毛爸妈也会发现狗狗的眼球不停地跳动，好像无法固定对焦一个地方，这种症状我们称为眼球震颤（Nystagmus），其也是前庭问题的典型症状之一。这种症状出现的原因是混乱的前庭系统以为狗狗的身体正在移动，为了在移动中保持良好的视线，眼球就必须跟着移动，所以就会出现这种眼球不停快速移动的状况。

　　由于前庭的传感器位于耳朵深处，所以导致前庭疾病常见的一个原因就是中耳炎。如果狗狗平时没有保持耳道清洁，严重的外耳炎可能会有细菌和酵母菌感染，如果没有妥善治疗，可能造成耳道化脓，在更深处的中耳、内耳积水积脓，造成前庭系统发炎而产生歪头症状。除了发炎之外，有些造成耳部毒性的药物及肿瘤、创伤、内分泌等问题也可能伤害前庭系统而产生症状。

有些老年狗狗会突然产生歪头症状，但却没有明显的中耳炎，也没有肿瘤、创伤等问题，这种找不到原因的前庭疾病，称为"特发性前庭综合征（Idiopathic vestibular syndrome）"或"老年前庭综合征（Geriatric vestibular syndrome）"。这种老年的前庭问题通常不需要太多治疗，过几周就会自己慢慢好起来。🐾

发现狗狗头歪向一边，需要看医生吗？要做什么检查呢？

如果发现狗狗无法克制地持续歪头，虽然不是紧急的状况，但还是要尽快去看宠物医生。宠物医生会用检耳镜检查耳朵内部的状况，看看是否有明显的发炎，有时耳朵深处的问题用检耳镜可能看不到，就需要进行头部的X线检查，或者用耳道内视镜检查。

除了内耳中的周边前庭系统异常之外，在脑部的小脑、脑干里面还有一个统筹协调全身平衡信号的中枢前庭系统，如果是这个区域发生病变，也会造成毛孩出现歪头和眼球震颤的症状。如果怀疑是头颅内部的肿瘤、发炎问题，就需要用到计算机断层扫描（CT）或核磁共振（MRI）来检查，才能清楚看到颅内的结构。

如果是耳道发炎的问题，宠物医生可能会建议用清耳液每天帮毛孩把耳道内的分泌物清洗出来，再使用外用的耳药达到消炎、杀菌的效果；有时可能也会配合口服或注射的抗生素来杀死内部深层的细菌。

如果不幸发现是肿瘤，就要仔细评估能不能手术切除，通常耳朵深层以及脑部的肿瘤手术难度都非常高，需要有经验的专科医生来处理。如果把前面所提到的几个原因都排除，配合病史判断可能是不明原因的老年前庭综合征的话，通常就只需要舒缓症状，给予止吐、止眩晕的药物即可。

歪头的狗狗虽然看起来很可爱，但其实它们的感受是非常辛苦的，也很容易跌倒。毛爸妈要多多注意家中的地板不要有太多危险坚硬的障碍物，喂饭时也要尽量协助它们，避免它们在头晕目眩时不小心受伤。🐾

我家猫猫有时候会突然无法控制地全身抽搐，这是癫痫吗？

有些狗狗和猫猫可能会莫名地突然倒地，出现无意识的全身抽搐、口吐白沫、粪尿失禁、隔空划水、角弓反张等动作，这种症状我们称之为发作（Seizure），而如果这种发作的状况反复出现，就称为癫痫（Epilepsy），也就是俗称的羊癫疯。

毛孩的神经系统主要靠细胞的放电及化学物质来传递神经信号到全身各处，而癫痫就是脑部的细胞异常地大量放电，造成全身神经肌肉出现异常的动作。根据研究，有0.5%～5%的狗狗及1%～3%的猫猫有癫痫的问题。

癫痫其实并不一定都会影响到全身，我们一般常看到的全身抽搐其实准确地说应该称为全身性大发作，而有些毛孩发生的是局部性的小发作，也就是大脑只有局部异常放电，这个时候的症状就没有全身抽搐这么明显，可能只会看到它们脸部有不对称的抽动，或是只有某一只手脚僵硬或持续伸直的症状。这种局部的异常有时可能会被毛爸妈忽略，如果不及时处理，也可能会演变成全身性痉挛。因此，这种局部性的小发作绝对是一个需要注意的危险信号。🐾

癫痫好可怕，到底是什么病造成的呢？

造成癫痫的原因有很多，有可能是营养不良、低血钙、低血糖、肝脏疾病（例如先天肝门脉分流）、中毒、感染（例如犬瘟热）、脑部创伤，以及自体免疫疾病（例如脑膜脑炎）等，也有可能是先天性的脑部畸形、水脑症，或者年纪大的狗狗可能会有脑肿瘤、脑出血等问题。

除了上述各种不同疾病之外，其实最常见的反而是原因不明的癫痫，这可能是毛孩先天的基因缺陷造成的。

癫痫的发作其实并非完全没有征兆，通常它们在发作前都会有一些异常的行为，例如找地方躲起来、突然变得紧张、发抖、流口水、焦虑不安、来回踱步等。这些异常的行为可能会持续几秒钟甚至几个小时，之后就开始进入发作状态。

不论是全身性的大发作还是局部的小发作，持续的时间可能会是几秒或几分钟，且发作结束之后还会有一个发作后期的症状，可能又会出现焦虑不安、来回踱步、流口水、意识不清楚的状况，甚至有些毛孩在发作后可能会有短暂的失明。发作后期持续的时间可能会是几分钟或几小时，有的甚至长达好几天。

癫痫发作如果很频繁，全身的肌肉持续痉挛，可能会造成体温升高，进而影响身体器官的运作。另外大脑持续地异常放电，也会伤害正常的脑组织和神经系统，有些严重的病例甚至造成肺水肿，使毛孩呼吸困难最后导致死亡。所以如果家中毛孩有癫痫的问题，一定要尽快找神经科医生咨询，千万不要忽视。🐾

我家猫猫在抽搐的时候会一直咬空气，我担心它会咬到舌头，是不是应该把它嘴巴打开，让它不要乱咬呢？

毛爸妈在看到毛孩癫痫发作时一定都会非常紧张，甚至看到发作中的毛孩因为抽搐而不停咬空气时，可能会因为担心它们咬到舌头而用手去撬开毛孩的嘴巴。其实这个动作是非常错误的，因为此时的毛孩已经完全失去控制自己的能力，很容易会不小心把毛爸妈咬伤。在发作时也不需要特别去帮它们擦口水，甚至喂水或食物，这样除了可能会不小心被咬伤外，也可能会让毛孩呛到。

我们要做的是先保持镇定，把毛孩周围的障碍物移除，铺上软垫避免它们撞伤。接着拿出手机录像，把它们发作的情况和发作后的行为仔细记录起来，这些都能为宠物医生的诊断提供非常重要的信息。在录像过程中，也可以尝试呼唤毛孩的名字，测试它们是否还有意识能够响应，也能达到些许安抚的效果。

发现毛孩有癫痫发作的情形之后，就应该带毛孩找宠物医生做检查，如果癫痫发作的时间持续超过5分钟，甚至在同一天内有2次以上的发作就应该赶快挂急诊，因为反复的癫痫可能会造成脑部神经细胞的损坏，甚至影响其他器官造成死亡，必须赶快接受治疗。

宠物医生可能会帮毛孩做详细的神经学检查，并做一系列的血液和尿液的化验，来检查是不是其他器官的疾病造成癫痫。如果判断问题的根本可能出在脑部，医生可能会建议做计算机断层扫描、核磁共振和脑脊髓液的采样分析，来检查有没有脑部的肿瘤、发炎、感染等。

很多癫痫的病例都需要长期服用抗癫痫的药物来控制，并且需要密切的追踪和复诊治疗。照顾癫痫的病患需要很多耐心和细心，毛爸妈一定要和宠物医生良好配合、准时复诊、随时沟通，千万不能自行停药或更改药物剂量，不然很容易让病情失去控制。🐾

最近摸到我家猫猫的乳头附近有一个小硬块，医生说是乳腺肿瘤，猫猫也会得乳腺癌吗？

乳腺肿瘤是猫猫很常见的肿瘤之一，在猫猫所有的癌症当中发生率排名第三。统计发现，有15%～20%的母猫曾经罹患乳腺肿瘤，也就是每5～6只猫就有一只可能罹患，比例非常高。一般来说肿瘤可以分为良性和恶性，如果是良性的肿瘤通常生长缓慢，一般不会危及生命。然而研究发现猫猫的乳腺肿瘤有85%～95%的概率是恶性肿瘤，也就是乳腺癌。所以只要确诊乳腺肿瘤，几乎就等同于确认得了癌症，如果置之不理，很快就会蔓延全身，夺走猫猫的性命。

乳腺肿瘤通常发生在8～16岁的年纪，其中又以暹罗猫（Siamese cats）这个品种最常发生。此外，雌性激素是造成乳腺肿瘤最大的风险因子，越早结扎就能够越大幅度地减少发生乳腺癌的风险。研究显示，猫猫在6个月龄之前结扎，可以让发生乳腺癌的风险降低91%；在1岁之前结扎，都还能够降低86%之多，所以如果没有打算让猫猫当妈妈的话，还是要尽早绝育比较好。

猫猫得了乳腺癌要怎么治疗呢？

　　如果真的不幸罹患了乳腺肿瘤，如同前面所说的，因为猫猫的乳腺肿瘤几乎都是恶性的，很容易蔓延到全身，所以一定要尽早切除。很多时候虽然我们只发现其中一个乳腺有小硬块，但实际上其他乳腺也很有可能已经开始病变，只是还没有达到我们摸得出来的程度。此外，癌细胞也可能在我们摸不到的位置已经有转移的现象，最常转移的位置就是腋下和鼠蹊的淋巴结，再经由淋巴系统的循环转移到肺脏。如果早期发现早期治疗，还有机会将癌细胞切除干净，但如果一直拖延到癌细胞转移到了肺脏，就再也没有办法通过手术切除，离鬼门关也就不远了。

　　为了避免后患无穷，只要发现一个乳腺肿瘤，宠物医生通常都会建议至少要将单侧整排4个乳腺都切除，依照情况可能还会包含淋巴结的摘除，以免残留癌细胞在身体里面；更积极一点的做法，甚至会将双侧两排全部乳腺完全摘除，这样就能大幅减少癌症复发的可能性。有研究指出，如果只针对乳腺癌硬块做局部切除的话，猫猫的平均存活时间大概只有7个月；如果能做单侧整排切除，平均存活时间就可以延长到19个月，也就是增加了1年寿命；而如果能够将双侧所有乳腺都摘除，平均存活时间可以达到31个月之久！所以虽然伤口很大，看起来有点可怕，但为了打败可怕的癌细胞，整排切除绝对是值得的。🐾

有什么方法可以预防乳腺癌吗？

　　乳腺癌最好的预防方式就是早期绝育，母猫最好在1岁之前结扎，才能大幅减少老年罹患乳腺癌的概率。另一件我们要做的事情就是早期发现早期治疗，平时没事的时候就可以摸摸它们身上有没有异常的硬块，如果发现有奇怪的团块，就要赶快看医生。研究发现，如果能在乳腺癌团块越小的时候就将它切除，治疗效果也会越好；如果在团块小于2厘米的时候切除，平均存活时间还能有2~3年；如果在团块2~3厘米大的时候切除，平均存活时间大概是1.5~2年；而如果拖到团块已经超过3厘米才手术切除的话，平均存活时间就只剩下半年了。所以一旦发现就要赶快治疗，千万不要拖延。🐾

我家狗狗的身上长了一个1厘米的肉瘤，医生说是肥大细胞瘤，要大范围切除，伤口有可能从腋下到胯下那么长，真的有这么严重吗？

　　肥大细胞瘤对狗狗来说相当常见，在狗狗的皮肤肿瘤里面大概占20%的比例。它们可能是单一个团块或多个同时出现，有些肥大细胞瘤外观很光滑，但有时也可能会有表面溃烂的情况。肥大细胞瘤依照它恶性的程度可以分成三个等级，所谓恶性的程度包括癌细胞分裂的速度，以及对周围组织的侵犯性等。其中恶性度第一级代表的是比较低的恶性程度，癌细胞对于周围器官的侵犯性比较低，转移的概率也比较低。相对地，第三级就是恶性度最高的肥大细胞瘤，除了会快速侵犯周围的组织之外，也有非常高的概率随血液转移到其他器官，所以应该尽早手术切除，并且根据具体情况搭配化疗进行控制。

SECTION 切除肿瘤的重要概念

说到切除肿瘤，我们需要了解几个重要观念。

🐾 宁可错杀一千，不可放过一个

在切除恶性肿瘤时，我们的原则一定是"宁可错杀一千，不可放过一个"，因为癌细胞的生长速度非常快，只要在身体残留少数几个癌细胞，它们就能很快长回原状，甚至比原来更可怕，结果不只让毛孩白挨一刀，甚至可能会很快夺走毛孩的生命。

🐾 恶性肿瘤复发非常快

癌细胞的数量远比我们想象的多，一个直径1厘米的恶性肿瘤，就有可能包含1亿个癌细胞。如果手术没有切除干净，只要残留了1毫米大小的团块，就等于留下了10万个癌细胞在身体里，这些癌细胞只要再分裂10次就可以回到原状，对于一个恶性肿瘤来说，可能只是几天到几个礼拜的事情，复发是非常快的。

🐾 肿瘤有肉眼看不到的部分

我们在皮肤表面看到的肿瘤，实际上只是整个肿瘤的冰山一角，因为恶性肿瘤常常不是一个完整的圆球形，而是像一滴牛奶滴在地板上那样，我们虽然看得到最大的水滴，但还有很多飞溅出去的小水花是我们肉眼看不到的。所以如果我们切除肿瘤的时候，只沿着看得到的团块边缘切除，就会像是沿着一只蜘蛛的身体切断，但却把它的8只脚留在毛孩的身体里面一样，这样的手术就失去意义了。

鉴于以上原因，宠物医生在面对侵犯性很高的恶性肿瘤时，通常都会建议大范围切除，所以伤口通常都会很大，依照肿瘤位置的不同，甚至有些时候还得切除一部分骨头。虽然看起来很残忍、很舍不得，但是面对可怕的癌细胞，实在是不能心软。🐾

肿瘤手术伤口好大好心疼，能不能尽量缩小呢？

每个毛孩的肿瘤恶性程度都不同，有些恶性程度不高的肿瘤，手术的伤口就不一定会很大，若是良性肿瘤的话，有可能连手术都不需要。我们到底怎样才知道手术范围要多大呢？这就突显了活体组织检查和癌症分期的重要性。宠物医生通常会参考下表来帮罹患癌症的毛孩做临床分级，不同种类的癌症具体的分期标准不同，详情毛爸妈可以再咨询主治的肿瘤科医生。

癌症分期	肿瘤直径	有无淋巴结转移	有无远端转移
第一期	<2厘米	无	无
第二期	2~5厘米（不同肿瘤数字标准不同）	无	无
第三期	>5厘米或有多个皮肤肿瘤	无	无
第四期	不论大小	有	无
第五期	不论大小	不论有无	有

所谓知己知彼才能百战百胜，我们在对付敌人之前，当然要先搞清楚我们的敌人是谁，对方有多少武器，才能知道我们到底需要用手枪还是大炮来打赢这场战争。一位好的肿瘤外科医生，通常都会先建议针对肿瘤做活体组织检查，只要拿到少量的肿瘤组织，就能了解这个肿瘤的侵犯性有多大，以及我们有哪些治疗方式可以对付它。再搭配CT、超声波和X线检查来确认肿瘤的范围以及是否已经转移，才能制订最完善、最适合毛孩的治疗计划。虽然比直接切除复杂许多，检查费用可能也会比较高，但要让癌细胞一刀切除、不再复发，让毛孩不需要再受到癌细胞反复的煎熬，这些检查都是非常必要的，毛爸妈千万不要因小失大，如果省略了检查却换来癌症不断复发，就真的太不值得了！🐾

我家狗狗的脚上长了一颗东西，请问那是什么？

有时毛爸妈在抱家中毛孩或帮毛孩梳毛时，可能会无意间发现一些皮肤表面的团块，有些细心的毛爸妈可能甚至会摸到肚子里面的团块。因此，我常常会收到一些网络信息问我：

"医生，我家狗狗脚上长了一颗东西，请问那是什么？"

随信附上一张没有对焦好的模糊照片，或是一张远远拍摄、看不清楚团块在哪里的照片。通常看到这样的照片我都只能苦笑，这就像是给我一百人的大合照问我第五排第八个人是哪里人一样的困难。

想要知道狗狗身上长了一颗东西究竟是什么，光靠照片是绝对不够的，必须带它们去给宠物医生检查；宠物医生会通过观察外观、触摸质地的方式，进一步推断它是肿瘤、脓包、水囊、发炎、疝气还是增生等。

"医生，你亲眼看到也亲手摸到了，那这颗到底是什么？"

"准确地说，我不知道。"

"啊？"

其实就算看到和摸到团块，我们也只能从经验上大概推断它是属于哪一种类型的病灶，例如看起来明显像是脓包，或者摸起来质地像是脂肪等，可以借此提供一个大概的方向。

但如果要具体知道它是良性还是恶性肿瘤、是哪里来的肿瘤、要用什么药物治疗等更详细的信息，光靠视诊和触诊是远远不够的。想要准确地诊断，我们必须要知道组成这个团块的细胞是哪种细胞，最好还能看到整个团块结构的排列，而这个时候就需要"活体组织检查"了。🐾

医生说我家狗狗要做活检，那是什么？

什么是活检呢？所谓活检，其实是"活体组织检查"的简称，就是从动物身上发生病变的位置，取出一小部分的检体去化验，这些检体可能是动物体内蓄积的液体、肿瘤的细胞，或是一小块病变组织。

得到样本之后，我们可以通过显微镜去检查里面的细胞是不是癌细胞、病变组织的结构生长的样子像不像癌症组织，从而判断它是属于良性还是恶性的团块，需不需要立即切除。有了活体组织检查的结果，医生就可以详细告诉你这颗东西到底是什么，以及下一步到底要怎么做了。

如果可以将团块完整地切下来送去化验的话，就能清楚知道整个团块的组成。然而，有些癌细胞非常恶性，会藏在一些正常组织里面伺机而动，需要大范围切除才能确保它不会复发。

另外也有一些团块只是良性增生，就算不切除也没有关系，并不会影响到毛孩的健康。因此如果想避免毛孩多挨一刀，或是避免癌症复发，最好还是要在手术前先进行活检，了解它是属于哪种肿瘤，才能制订更好的手术计划。🐾

SECTION 活检方式

那么活检有哪些方式呢？最常见的就是细针穿刺活检（Fine needle biopsy）、粗针穿刺活检（Core needle biopsy）和手术活检（Surgical biopsy）。

细针穿刺活检	
优点	★伤口只有一个针孔大小，所以不用担心愈合问题，出血的概率也比较低 ★不需要全身麻醉，可以在清醒状态下检查，或只需要轻度镇静就可以完成，麻醉风险较低 ★适合作为肿瘤检查的第一步
缺点	★只能抽取零散的细胞来检查，没办法看到癌细胞组织的整体结构 ★准确度比较低，有可能没有抽到癌细胞 ★如果看到癌细胞，就可以合理怀疑它是癌症（因为正常身体不会出现癌细胞）；但如果只看到良性细胞，仍然不能排除它是癌症的可能性（因为有可能只是刚好没抽到）

粗针穿刺活检	
优点	★通常不需要全身麻醉，不需要缝合伤口 ★取出的样本比细针多，可以看到团块的细胞排列，准确度比细针穿刺活检高
缺点	★伤口比细针大，出血的概率稍微高一些 ★需要比较深的镇静，麻醉风险比细针穿刺活检稍高一些 ★取出的样本还是偏小，仍然有可能因为没有采到癌细胞而无法判断

手术活检	
优点	★肿瘤诊断的黄金标准 ★取出的样本最充足，能够看到完整的团块结构，提供最多信息，得到最准确的诊断 ★可以同时将肿瘤切除，达到治疗效果
缺点	★必须全身麻醉，麻醉风险比较高，需要良好的术前评估 ★伤口较大，需要缝合，也需要比较长时间愈合

　　不管是多小的团块，一旦发现，都建议要仔细留意它生长的速度，并且及早做活体组织检查来确定它的来源，这样才能早期发现恶性的肿瘤，早期治疗，避免癌细胞扩散到其他器官。所以毛爸妈千万不要拖延，等到癌细胞蔓延全身、危及生命，那就后悔莫及了。

以前带家里猫猫去打疫苗，通常都是打在背上，但这次遇到的医生竟然打在尾巴上，这个医生是不是有点奇怪呀？

猫猫打疫苗跟狗狗有点不一样的地方是，大约从20年前开始，就陆续有些猫猫被发现，它们在打了疫苗之后，打针的位置开始慢性发炎、肿胀，而且几周都不消退，最后长成一个很大的肿瘤，而这种肿瘤后来被统称为猫注射部位肉瘤（FISS）。

FISS是一种非常恶性的纤维肉瘤，它的侵犯性极强，会快速破坏注射部位周围的组织，形成一个与周围组织密不可分的庞大肉瘤。从注射到形成肉瘤的时间可能只有几个月，但也有可能在打针后好几年才产生这种肿瘤，所以目前还不能有效预防它的发生。如果不幸罹患这种肿瘤，治疗的方法就是要大范围切除肿瘤周围的所有组织，一般建议是以肿瘤为中心的5厘米圆周范围都要切除。然而，很多猫猫的体型并不大，5厘米范围几乎涵盖了大部分的身体组织，所以操作上会非常困难。但如果小于这个范围，又很有可能造成癌细胞残留，最后夺走猫猫的性命。

如果疫苗注射在背部，一旦发生肿瘤，就很有可能会侵犯到重要的脊椎、神经组织；如果打在肩膀，甚至有可能侵犯脖子和头部。这些器官都是猫猫生存必需的重要器官，所以一旦长了肿瘤就几乎没有切除的可能，只能坐以待毙。因此，目前国际猫科医学会建议将疫苗施打在尾巴或四肢的末端，并且每次都施打在不同位置，避免反复的刺激。施打在尾巴和四肢的好处，就是万一真的不幸罹患这种可怕的肿瘤时，还能以截尾或截肢的方式拯救它们的性命，而且通常截肢或截尾的猫猫都能适应良好，不会影响它们的生活质量。

所以，选择把疫苗打在尾巴或四肢的宠物医生，其实是非常用功、按照医学界最新的建议来做的，绝对不是什么奇怪的医生。不过由于四肢和尾巴的皮下空间比较小，把疫苗打进去的时候会比较不舒服，猫猫可能会反抗和挣扎，这都是正常的状况，为它们的健康着想，也要请毛爸妈多多包容了。🐾

原来打疫苗也有可能长肿瘤，有没有什么方法可以避免呢？

+ TUMOR & CANCER +
肿瘤 & 癌症

除了注射疫苗的部位之外，目前已经知道有可能增加注射部位肉瘤风险的因子就是疫苗的佐剂。所谓佐剂就是添加在疫苗当中，帮助疫苗发挥更好保护效果，或是辅助疫苗长期存放的一些物质。已经有文献表明一些含铝的佐剂可能会增加发生肿瘤的风险。所以如果猫猫要打狂犬疫苗或白血病疫苗，可以选择无佐剂牌子的疫苗，这些牌子的疫苗价格虽然比较昂贵，但是可以大幅减少发生肿瘤的概率，不过不是每间动物医院都有提供，建议在约诊的时候要提早询问比较好。

其他有关猫猫疫苗该多久打一次，需要涵盖哪些病毒等信息，已经在本书的其他章节有过介绍，有兴趣了解的话，不妨回头翻阅。🐾

毛孩得了癌症也能像人一样做化疗吗？

如果毛孩不幸得了癌症，也就是所谓的恶性肿瘤，最立竿见影的治疗方法就是用手术的方式尽量把癌细胞切除，尤其当癌细胞形成一个明显的肿瘤团块时，运用手术，就可以快速地移除大量的癌细胞。

然而，即便我们尽可能大范围地将肿瘤切除，还是不能确认是否有漏网之鱼藏在其他正常的组织里面，尤其癌细胞生长的速度很快，只要有少量的癌细胞还留在身体里面，就有可能很快复发，在几个星期内又长出跟原来一样大的肿瘤。所以宠物医生在治疗毛孩的癌症时，通常会以手术合并化疗，或是对一些无法手术的癌症毛孩，直接用化疗的方式来抑制癌细胞生长。

是的，毛孩也能做化疗，所谓的化疗是"化学治疗"的简称，它是用一些抑制DNA和RNA复制、阻断蛋白质合成的药物来阻止细胞分裂生长。癌细胞因细胞分裂比正常细胞旺盛，就会率先遭到抑制、破坏，使癌细胞死亡。

当然，除了癌细胞以外，身体里面有些正常细胞的分裂也很旺盛，例如头发的毛囊细胞、骨髓里面的造血细胞等。有时在杀灭癌细胞的同时也会连带杀死毛囊细胞，这时病患就有可能掉头发；如果连带杀死造血细胞，就有可能造成贫血或免疫细胞不足，使得免疫力变差。这些都是在人类身上很常听到的副作用，也是大多数人对化疗的第一印象。

近年来也开始有所谓的"靶向药物"可以用在毛孩身上。靶向药物主要是攻击癌细胞赖以为生的一些特定分子，所以靶向治疗相较传统的化疗药物，可以较好避免误伤到正常细胞，因此副作用较少。然而，并不是每种癌症都有靶向药物可以使用，必须符合特定条件，或有特定分子的癌症才能适用。🐾

毛孩化疗会不会很痛苦？我是不是应该不要让它做化疗比较好？

一想到可怕的化疗副作用，毛爸妈往往都会却步，担心化疗会带给毛孩更多痛苦，所以有些毛爸妈宁可选择完全不做治疗，让毛孩自然死去。其实毛孩的化疗相对人类来说，发生副作用的比例是明显低很多的。因为人类的生活形态比较复杂，寿命也比较长，为了有效杀死所有癌细胞，延长20～30年的寿命，并控制癌症带来的各种不适，需要使用的化疗药物剂量就相对比较高，因此产生的副作用也相对比较明显。

毛孩体型小，平均寿命比人类短，治疗的目标着重于控制病情及维持良好的生活质量，所需的化疗药物剂量相对较低，副作用也相对比较轻微，所以毛爸妈其实可以不需要太过担心。

很多拒绝化疗的毛爸妈会转向网络上寻找各种偏方、自然疗法、食物疗法，或一些号称宠物医生都不知道的神奇抗癌产品等。倡导这些"仙丹妙药"的人常常会不断讲述一些神奇的案例，且大多宣称完全没有副作用，然而遗憾的是，它们也大多完全没有疗效，只是利用毛爸妈的彷徨不安，趁机牟取利益而已。其实大部分的替代疗法顶多只有些微舒缓，甚至只有心理作用的效果。

其实，很多罹患癌症的毛孩经过手术和积极的化疗之后，都能维持很长一段正常开心的生活。很多癌症在完成完整的化疗疗程后，都能够很快获得改善，例如淋巴癌、白血病这类癌症，常常在化疗开始后的几周内，就能看到毛孩的精神胃口明显变好，几乎跟健康的毛孩没有两样，同时也没有明显的副作用。看到它们可以继续开心地跑跳，真的非常欣慰，所以毛爸妈一定要跟肿瘤科医生多多讨论，千万不要轻言放弃。🐾

如果要做化疗，应该做什么准备呢？

化疗药物有很多种，不同的肿瘤所使用的药物种类不同，对于化疗的反应也不一样，所以必须经过活检得到详细的病理组织学诊断，才能正确选择适合的治疗药物。肿瘤科的宠物医生也会根据不同肿瘤对化疗的反应，以及毛孩目前的癌症分期，评估化疗可以延长的存活时间，提供毛爸妈参考。

在化疗之前，宠物医生通常会先帮毛孩做一次较详细的验血和影像检查，针对较容易受化疗药物影响的红细胞、白细胞、血小板、肝肾指数等做一个基础值的记录，也会先记录肿瘤大小、淋巴结大小，以及有没有远程转移等信息，这样开始化疗疗程后就能和治疗前的初始值作比较，确认药效及是否有副作用。

化疗通常会合并使用几种不同的药物，来达到最大的疗效及最少的副作用。这些药物可能是针剂也可能是口服药，通常针剂都会在医院施打，但如果有回家吃的口服化疗药的话，毛爸妈一定要记得触碰这些药物时都务必戴手套，如果直接与皮肤接触的话对人体是有害的。化疗的疗程一般都比较长，可能长达好几个月甚至1年，在疗程中也会需要密切监控各项身体指标，所以不管在医疗费用上还是在照顾的心力上，都需要毛爸妈全力配合。

另外要注意的是，有些中晚期的癌症，虽然在化疗后可以看到明显的改善，但可能只是暂时的抑制，并不是完全治愈。所以即便在化疗疗程结束之后，还是要继续密切监控、定期复诊，一旦复发就有可能需要再次进行治疗，或是更换其他化疗药物。唯有医生和毛爸妈的全力合作，才能让毛孩陪伴家人更久，让它们的最后一段路也能开心地享受天伦之乐。🐾

心脏
HEART

猫、狗正常的心跳是多快？跟人类差不多吗？

猫、狗正常的心跳是比人类来得快的，尤其猫猫的心跳正常就是人类的2倍以上，每分钟在140～220次之间。依照它们的情绪状态，如果每分钟低于120次甚至是不到80次的话，我们会认为心跳太慢，可能有异常。反之，如果每分钟超过240次就算是太快了。

不同体型大小的狗狗，正常的心跳速度也不太一样，一般来说体型越大的狗狗心跳就越缓慢。狗狗的体型分大型、中型和小型。10千克以下的小型犬（例如贵宾犬、马尔济斯犬、约克夏梗等），正常平静状态下的心跳是每分钟90～120次，超过每分钟180次就会认为太快，低于每分钟60次就算是太慢。中型犬（例如柯基犬、柴犬、牧羊犬等），正常心跳是每分钟70～11次。

而20千克以上的大型犬（例如黄金猎犬、拉布拉多、哈士奇等），正常心跳就每分钟60～90次，超过140次就太快，低于40次就太慢。另外还有些狗狗的体型甚至大到几乎跟一个人类一样，体重在45千克以上，我们会称它们为巨型犬种（例如大丹犬、圣伯纳犬、纽芬兰犬等），这类品种的狗狗正常心跳又会更慢一些。

有关猫、狗正常心跳的数值，可以参考下表。

类别	心跳速率/（次·分$^{-1}$）		
	过慢	正常	过快
小型犬（＜10千克）	＜60	90～120	＞180
中型犬（10～20千克）	＜50	70～110	＞160
大型犬（＞20千克）	＜40	60～90	＞140
猫	＜120	140～220	＞240

我家狗狗有心脏病，要怎么帮它数心跳呢？

HEART
心脏

毛爸妈如果想要在家帮毛孩监测心跳的话，可以试着记录它们每分钟的心跳次数。对于中大型犬，可以试着用手触摸它们左侧腋下后方的胸壁，有可能可以摸到心脏的跳动，或者将耳朵直接贴在左侧胸壁上听它们的心音（但是太胖或毛发浓密的毛孩可能不适用）。

另一个方法是买一个简易的听诊器，将听诊器放在毛孩左手肘后方的胸壁上听心音，听到两个心音就代表一次心跳，一边计数一边用秒表计时10或15秒，并将数到的次数乘以6或乘以4，就可以得到1分钟心跳的次数。如果有空每天记录一次的话，对于它们未来看病，尤其是长期心脏病的毛孩会非常有帮助。

由于听诊器的使用需要特别的技巧，加上有时要找到清楚的心音位置也不容易，有些毛孩又有心杂音的问题可能会影响判断，如果要正确测量，建议可以直接请宠物医生面对面教你怎么监测最适合你家毛孩的监测办法。🐾

猫、狗也会高血压吗？它们正常的血压是多少？

　　猫、狗的血压跟人一样分为3种压力：收缩压、舒张压和平均压。前两者分别代表动脉在收缩期和舒张期的压力，以毫米汞柱（mmHg）为单位。通常我们会着重测量它们的收缩压，一来是因为测量方法比较准确，二来是因为心脏收缩时血液需要足够的压力才能输送到全身的器官，所以收缩压对于全身的循环非常重要。

　　正常猫、狗的收缩压一般在100～140毫米汞柱之间，如果收缩压低于90毫米汞柱，代表血压太低、循环太差，此时它们可能会觉得全身无力、虚弱甚至晕倒，症状比较明显。相反地，高血压的症状一般不是很明显而容易被忽略。

　　根据2018年美国兽医内科医学会发表的猫、狗高血压诊断及治疗指南，当收缩压在140～159毫米汞柱之间就称为"高血压前期"，开始有高血压的风险，而当收缩压达到160毫米汞柱以上就正式进入"高血压"的阶段。

　　持续的高血压会危害身体几个重要的脏器，包括肾脏、眼睛、脑部和心脏，可能造成肾脏损伤、视网膜剥离出血、突然失明，也可能造成脑部病变、中风及心脏病等。这些衍生的疾病在初期可能没有明显症状，而等到出现症状时已经是患有高血压很长一段时间了，所以如果想及早发现，还是需要仰赖毛爸妈平时多带它们去做健康检查，并定期追踪血压状况。🐾

猫、狗血压类型	血压/毫米汞柱		
	正常	高血压	低血压
收缩压	100～140	＞160	＜90～100
平均压	60～100	—	＜60
舒张压	50～80	—	—

毛孩要怎么量血压？是跟人类一样吗？

毛孩通常怎么测量血压呢？相较于人类伸一只手臂到机器里面量血压，静静地坐着等待结果，毛孩们就没有这么容易配合了。由于毛孩来到医院通常都比较紧张，紧张就会造成血压升高而不准确，所以通常会希望毛孩待在一个安静不受打扰的密闭诊室里面，先给它们10分钟熟悉一下环境，等它们放下戒心之后，再由毛爸妈陪同测量，安抚它们的情绪。

通常宠物医生会拿一个压脉带缠绕毛孩的其中一只脚或尾巴，尽量以它们舒服的姿势保持不动来做测量。而测量的仪器也分成两大类型。一种是多普勒（Doppler）式，医生会用一只手放一个检测器在它们的脚掌面检测血流的信号，另一手则是帮压脉带充气加压。加压后，动脉血管会暂时被压扁而阻断血流，接着医生会慢慢将压力释放，在慢慢减压的过程中，血流首度突破压力冲进血管的那个时间点的血压就是毛孩的收缩压数值。这种测量方法经过研究证明是比较准确的，但需要比较多技术及毛孩的高度配合。

另外一种测量仪器称为振荡式（Oscillometric），这种方式是由机器自动加压、减压，并通过压脉带上的振动来监测血流冲进血管这一时间点的血压，跟人类的测量方式是一样的，而且可以同时测出收缩、舒张和平均压的数值。然而这种方式最大的缺点是：被测量的肢体必须完全不动，一旦动了就容易造成机器误判。清醒的猫、狗要让它们完全不动是比较困难的事情，所以通常这种类型的测量方式对麻醉动物会比较准确。不过近年来血压计的技术也逐渐改进，有些高分辨率的振荡式血压计也能有不错的准确度，只要毛孩和毛爸妈全力配合医生，都能很好地帮它们追踪血压。

有些疾病比较容易并发高血压。不管是狗还是猫，肾脏病都是容易引发高血压的重要疾病，所以如果家中有肾病的毛孩，一定要记得请宠物医生帮它追踪血压。另外还有一些内分泌疾病包括糖尿病、肾上腺皮质功能亢进等，也是比较容

易引发高血压的疾病。有研究指出，肥胖也可能会增加患高血压的风险，所以毛爸妈务必要让毛孩们保持健康的身材。🐾

+ HEART +
心脏

医生说我家狗狗有心杂音，那是什么？是什么原因造成的？

宠物医生在做身体检查时会用听诊器去听毛孩心脏和肺脏的声音，猫、狗正常每一次心跳会听到两下干净清脆的心音，我们称为第一心音和第二心音。如果医生在听诊时不是听到清楚分明的两下心音，而是在这两下之外还多了一些混浊的声音，我们就称之为"心杂音"。

心杂音通常是心脏内有异常的血流，导致血液的流动方向混乱而产生的。最常见的就是二尖瓣关闭不全造成的二尖瓣反流，使得心脏在把血液推动到全身的过程中，有部分血液不是往前走，而是往回跑产生扰流，就形成了杂音。当然杂音还有其他可能的原因，例如先天心脏结构的畸形，多了一条异常的血管，或是心肌上有不正常的缺损破孔导致血液走错方向，抑或是血管、瓣膜的狭窄，都会产生扰流和杂音；有些猫猫甚至在没有任何结构异常的情况下也可能会产生心杂音。

宠物医生除了听杂音之外，还会仔细听它发生的时间点，是连续还是间断，以及声音的频率、音量的大小等，借此推测它是哪一种心脏问题，并且大致评估它的严重程度。🐾

医生说我家狗狗的心杂音属于第三级，那是代表什么？

有的心杂音很轻微、很小声，有的心杂音则大声到甚至完全盖过正常的心音。依照其声音的大小，心杂音可以细分为六个等级。

杂音等级	定义
第一级	很小声，必须在很安静的环境下很仔细听才听得到
第二级	小声，但在安静环境中听诊器一放到杂音位置就能听到
第三级	中等音量，在稍微嘈杂的环境中也能清楚听到
第四级	中等音量，但音量大到在另一侧的胸腔也能听到杂音
第五级	大声，除了听到杂音之外还能在胸壁上摸到杂音的振动
第六级	很大声，听诊器不用碰到皮肤，甚至不用戴听诊器都能听到杂音

在多数情况下，越大声的杂音有可能代表着越大量的逆流，或越狭窄的瓣膜开口；但有时也有一些例外的情况，尤其对猫猫而言，有时心杂音很大声可能只是单纯因为它比较紧张，等它平静下来，心杂音又会变小声，甚至消失。所以心杂音的等级并不一定跟心脏病的严重程度完全成正比，也不能直接判断是哪一种疾病。

如果宠物医生听到心杂音，可能代表心脏内有异常的血流，但还没办法完全确定是什么原因造成的。建议要帮毛孩进一步做心脏超声波，检查心脏的结构哪里有异常，确认是哪种问题，评估它的严重程度后，才能选择最适当的治疗。

医生说我家狗狗的心脏病是属于B₂期，那是什么意思？狗狗的心脏病到底分几期呢？

目前对于狗狗心脏病的分级，最新、最完整的分级系统是依照2019年美国兽医内科医学会专家提出的共识来制定的，主要针对的是小型犬最常见的慢性退化性二尖瓣疾病，至于其他种类的心脏病则没有这么详尽的分级系统。不过以台湾饲养宠物的习惯来说，还是以小型犬种居多，所以大约九成的狗狗心脏病都是属于慢性退化性二尖瓣疾病，也因此这个分级系统在心脏门诊上是非常常用的。

狗狗的慢性退化性二尖瓣疾病会造成二尖瓣关闭不全，以及二尖瓣反流，随着病程的恶化可能会进展成心力衰竭甚至死亡，这中间的疾病过程可以区分成A、B、C、D四个时期。🐾

退化性二尖瓣疾病分期		说明
A期		某些品种的狗狗有很高的风险罹患慢性退化性二尖瓣心脏病，但目前没有任何可被确认的心脏结构病变。所谓高风险的品种，最著名的就是查理士王小猎犬（Cavalier king charles spaniel），而以台湾流行的犬种而言，马尔济斯犬（Maltese）就是高风险的品种。即使还没有任何心脏病变出现，这些品种的狗狗仍然在一出生就会直接被列入A期
B期	B₁期	狗狗没有症状，且在心脏超声波和X线检查时都没有看到心脏变大，或者只有相当轻微的心脏扩张。这个时期演变成心力衰竭的风险比较低
	B₂期	狗狗没有症状，但有比较严重的二尖瓣反流，而且在心脏超声波和X线检查时发现左心房及左心室明显扩张，达到需要治疗的程度。这个时期演变成心力衰竭的风险比较高
C期		狗狗现在或以前曾经有过二尖瓣疾病造成的心力衰竭症状。这个时期如果发生急性的心力衰竭，病患会突然很喘且呼吸困难，如果没有立刻急诊治疗有可能会立即死亡
D期		末期的二尖瓣心脏病，使用标准的药物治疗已经无法有效控制心力衰竭的症状，病患有非常高的死亡风险

不管什么疾病都是早期发现就能早期治疗。上述的分级系统就是希望提醒毛爸妈平时养成定期让家中宝贝做健康检查的习惯，尤其如果家中宝贝是直接被列入A期的品种，更要请宠物医生多多帮忙注意。前述的心脏病分级系统必须仰赖完整准确的X线和心脏超声波检查结果来诊断，所以毛爸妈千万不要偷懒，一旦宠物医生发现狗狗有心杂音，建议做进一步检查时，一定要遵照医生的指示尽早安排检查，并且定期追踪。

目前对于无症状的B_2期已经有药物被证实能够延缓心力衰竭的发生，只要早期发现，我们就还有时间避免死神的到来。很多治疗心脏病的药物一旦开始使用就要终身服用，千万不能擅自停药。开始治疗后，定期地追踪检查、调整药物剂量也非常重要，毛爸妈一定要全力配合心脏专科医生的治疗计划，才能帮助家中宝贝成功对抗病魔。

+ HEART +

心脏

我家老狗这两天突然很喘，呼吸都很用力，好像呼吸很困难，这是怎么回事？

造成猫、狗喘及呼吸困难的原因最常见的是心脏和呼吸道方面的疾病。狗狗尤其是小型犬种，包括查理士王小猎犬、马尔济斯犬、博美犬、吉娃娃犬、约克夏梗等，超过8岁就开始进入中老年，心脏的瓣膜尤其是二尖瓣常常会开始退化、增厚、脱垂，称为黏液瘤样二尖瓣疾病（Myxomatous mitral valve disease，MMVD），或称为慢性退行性瓣膜疾病（Chronic degenerative valve disease，CDVD）。

正常心脏的血液会由左心房进到左心室，再泵到主动脉送到全身。二尖瓣是位于左心房与左心室之间的瓣膜，它的功用就是在关闭时让血液不会逆流回左心房，确保所有血液都正确地向前送到全身去。而当二尖瓣退化之后，瓣膜会变得不规则增厚，甚至脱垂，就无法很好地对合关闭起来，而产生一些缝隙、漏洞，让血液从缝隙逆流，这种状况就称为二尖瓣关闭不全（Mitral insufficiency）或二尖瓣反流（Mitral regurgitation）。

这种逆流如果只有少量，身体还是可以靠代偿来维持心脏正常的功能；但如果逆流量很大时，大量的血液就会蓄积在左心房，造成左心房扩张、左心房压力升高，肺部的血液无法顺利回流到心脏，水分就会蓄积在肺部，造成肺积水，又称肺水肿（Pulmonary edema）。这种心脏无法顺利工作的状况，就称为心力衰竭（Heart failure），由于是左侧心脏的问题，我们会进一步称之为左心衰竭。

肺水肿时的狗狗就好像溺水一样，一大堆水在肺脏里面占据了呼吸的空间，使它们呼吸非常困难。我们平常光是游泳呛到一口水就已经觉得很可怕了，何况是肺脏内积满了水，那是随时会死亡的状况，一定要赶快去急诊就医治疗。其实除了最常见的二尖瓣疾病之外，还有很多其他心脏病也可能造成左心衰竭和肺水肿，都是造成呼吸困难很重要的原因。

不论是狗还是猫，只要有喘、呼吸用力、呼吸困难的情况，都是立即有生命危险的，一定要赶快找24小时营业的医院急诊就医，千万不能拖延！不管是哪一种病因，宠物医生都会尽快提供氧气治疗，改善它们缺氧的情况。如果是心脏病、肺水肿的问题，宠物医生会帮它们注射利尿剂，帮助它们把蓄积在肺脏的水分排出，同时也会给予强心剂来改善心脏功能。

其实心脏病要发展到心力衰竭通常都是经年累月的慢性问题，所以平常最好要定期健康检查，至少每年在打疫苗时请医生听诊心音和肺音，如果在还没有症状时及早发现潜在的心脏病，就能进一步做检查并且及早服药控制，延缓心力衰竭的发生。而已经发生过心力衰竭的毛孩，也要遵照宠物医生的指示每天按时服药，才能有效控制它们的病情。🐾

我家狗狗明明是男生，最近肚子却越来越大，好像怀孕似的，怎么会这样？

　　狗狗的肚子变大，毛爸妈第一个想到的一定是，是不是怀孕了？是不是变胖了？如果是没有绝育的母狗的确有可能是怀孕，但如果已经结扎的母狗，又或者是公狗的肚子变大，又是怎么回事呢？肥胖当然是很常见的一种可能性，不过有时候我们可能会发现它们的肚子很不成比例地胀大，例如手脚很瘦但肚子却很大，甚至有些狗狗肋骨看起来很明显像皮包骨一样，肚子却圆滚滚的很不协调，这种状况可能就不是单纯肥胖这么简单了。

　　腹腔内如果累积大量液体就会造成腹部胀大，这些液体有可能是血液、脓液、尿液、漏出液或者渗出液，但最常见的情况就是腹水蓄积，而且其中很大部分是因为心力衰竭造成。心脏可以分为左心和右心，造成腹水的心脏病通常都是右心衰竭的问题。右心衰竭通常会造成右心房扩张、压力升高，使得大静脉回流受阻。全身的血液本来应该经由大静脉回到心脏重新循环，在回流受阻的情况下，这些多余的水分就会蓄积在腹腔造成腹部胀大。另一种可能会造成大量腹水的情况就是低白蛋白血症，由于血中白蛋白不足，渗透压不足，而使得大量的水分渗透到血管外。另外，腹膜炎也有可能会造成腹水，一些比较严重的内脏发炎，例如胰脏炎，或者胃穿孔造成细菌感染，都有可能会进一步恶化成腹膜炎，造成腹水。

　　腹水可以暂时通过针穿刺抽吸的方式来把蓄积的液体移除，缓解肚子胀大的不适，但这只是治标不治本的方法，宠物医生还是会追根究底检查造成腹水的原因，否则很快又会复发。很多狗狗的腹水都是心力衰竭造成的，宠物医生除了安排腹部超声波检查之外，可能也会安排做胸腔X线检查和心脏超声波检查，详细评估心脏的功能，给予适当的药物治疗。如果确定是右心衰竭的问题，心脏药物通常需要长期服用，而且一定要定期复诊，调整适当的剂量。而低白蛋白血症则需要验血来确认血中白蛋白浓度，如果血中白蛋白真的不足，除了补充白蛋白之外，还需要进一步检查造成白蛋白过低的原因。

猫猫的心力衰竭也有可能造成腹水，但是它们还有另外一个常见的原因就是猫传染性腹膜炎（Feline infectious peritonitis，FIP），有可能会造成大量的胸水和腹水。FIP的诊断会比较复杂，除了一般验血之外，还会需要将腹水或血液样本送去实验室做核酸序列诊断。以前FIP几乎是完全没有药物可以治疗的绝症，但近几年已经有新的药物被发现可以大幅改善症状，虽然这种药物还没有被正式认可，但毛爸妈还是可以跟宠物医生讨论制订进一步的治疗计划。🐾

我家狗狗最近常常突然晕倒，尤其太兴奋就会晕过去，这是怎么回事？

晕厥（Syncope）主要是由于脑部突然失去血液供应，缺血、缺氧而无法维持身体正常运作，进而造成短时间的意识丧失，也可能同时出现大小便失禁的情况。晕倒的毛孩通常会四肢瘫软侧躺在地上一动也不动，但也有少数毛孩可能会想用仅剩的力气挣扎起身，使它们看起来像在对着空气划水，或者像喝醉酒似的。倒下的状态通常持续大约几秒钟或几分钟，毛孩就会自己苏醒，且苏醒后通常没什么后遗症，可以马上又变回精神奕奕的状态继续玩耍。

最常见会造成晕厥的就是严重的心脏病，例如严重的退行性瓣膜疾病、心肌病、肺动脉高血压等，这些心脏病到后期心力衰竭的时候，就有可能难以维持身体的血液循环，当毛孩兴奋或运动时，身体各个器官因为对于血液供应的需求瞬间大增，导致一下子超过心脏的负荷，使得脑部供血不足而晕倒。而在晕倒之后，因为身体不再需要运动，对于血液供应的需求减少，同时脑部和心脏降到同一个水平面，就能让心脏轻松供应血液，所以通常毛孩很快就能苏醒。

除了心脏结构的问题之外，心律不齐也是很常见的造成晕厥的原因。毛孩在正常的情况下，每分钟心率应该维持在一定的范围内，太快或太慢都不行。当因为心律不齐而出现心跳严重过慢的时候，毛孩可能会有比较长的时间间隔都没有血液供应，如果血液不足以负荷毛孩当下的活动需求就会造成晕厥。而当心动过速时，心脏可能还来不及充满血液就将血推出，变成每次心跳只有很少量的血液被心脏泵出来，这样的情况也会造成血液供应不足。而雪纳瑞犬、可卡犬犬、巴哥犬、腊肠犬、拳师犬和德国狼犬都是比较容易出现严重心律不齐的犬种，一定要多多留意。

那么是不是晕倒就代表一定有心脏病呢？其实也不一定。有些毛孩的心脏功能完全正常，但在过度紧张、兴奋或害怕的状态下，也有可能会引起自律神经的过度反应，造成突然的晕厥，黄金猎犬和拳师犬算是比较常见会出现这种晕厥的犬种。还有一些毛孩是在做某些特定的事情时就会晕倒，常见的例如大力咳嗽、排便或排尿时晕倒，因为这些动作都有可能造成突然的胸腔压力升高，进而压迫到血管而影响血液循环，所以气管塌陷、便秘或尿路阻塞的毛孩都要特别小心有可能会有晕厥的问题。扁脸的狗狗如果短吻犬综合征很严重而影响呼吸的话，也容易由于缺氧或影响到血液循环而造成晕倒。🐾

毛孩晕倒了怎么办？该做哪些检查？

晕厥和癫痫的症状非常相似，有些毛爸妈以为毛孩晕倒了，实际上可能是癫痫的症状。由于这两种问题的治疗方向完全不同，所以宠物医生首先会详细地询问整个晕倒过程前后的种种细节，才能确切了解毛孩的问题所在。毛爸妈可以试着用手机录下毛孩晕倒前后的过程，让宠物医生看看发生问题的前后有没有什么引发的事件或后遗症，可帮助医生做出更准确的判断。

前面已经提过，毛孩晕倒有很大一部分的原因来自心脏疾病，所以宠物医生通常都会建议针对心脏做一系列完整的检查，例如通过X线检查来评估心肺系统的状况，再加上心脏超声波来详细评估心脏的功能。由于心律不齐也是造成晕倒很常见的原因，所以心电图也是很重要的一项检查。但要注意的是，一般在医院检查心电图只能看到几分钟的心跳状况，但有些毛孩并不是一整天都有心律不齐的情况，可能只有在晚上睡觉或兴奋运动时才偶尔发生心律不齐，但在医院检查的时候就完全正常，此时宠物医生并不能直接判定它没有心律不齐的问题，可能需要进一步做24小时或36小时的连续心电图记录才有办法监测到偶发的心律不齐，这类进阶的检查就需要毛爸妈更多的配合才能完成。

如果发现有心脏疾病，宠物医生会给一些心脏相关的药物或抗心律不齐药来治疗，如果是药物无法控制的心律不齐，甚至有可能会需要手术植入心脏起搏器来维持正常的心跳。而如果发现不是心脏问题所造成的晕厥，而是有长期咳嗽问题的毛孩，宠物医生就会治疗造成咳嗽的呼吸道疾病，并给予一些止咳药物；便秘的毛孩则可能会建议灌肠或使用软便剂；排尿困难的毛孩也可能会需要手术或尿道松弛剂来治疗。

毛爸妈可能也会想知道，毛孩晕倒的当下要怎么急救呢？其实如果不是频繁的晕厥，大部分毛孩通常在晕倒后几秒钟内就会自己苏醒，所以未必需要急救。但是，如果毛孩本来就有长期严重的心脏疾病，的确有可能在突然晕倒之后死亡，所以家中有心脏病毛孩的爸妈平常就可以先学习如何帮毛孩做心肺复苏（CPR），以备不时之需。

有关宠物CPR的详细步骤可以参考以下视频。🐾

毛孩小知识

宠物CPR教学

要怎么区分毛孩是晕厥还是癫痫发作呢？

晕厥和癫痫的症状非常相似，宠物医生通常会以下表所列的几个大方向区分。

区分项目	癫痫	晕厥
平时走路方式	正常	正常
诱发事件	少见明显诱发事件	运动、疼痛、压力、咳嗽
发作前症状	意识可能改变，焦躁、反应迟钝等	意识正常，可能摇晃、尖叫
抽搐	明显、强烈	没有，或可能轻微摆动四肢想挣扎起身
大小便失禁	常见有	有些可能有
意识状态	多数失去意识	失去意识
发作后症状	有，时间长，可能有神经后遗症	没有或非常短
持续时间	较长，可能数秒到数分钟	通常短短几秒钟

血液
BLOOD

最近发现我家老猫的舌头好苍白，这是正常的吗？

猫猫的舌头苍白，最常见是贫血造成的，而且不只是舌头，猫猫原本可爱的粉红肉垫也会明显发白。为什么会贫血呢？最常见的原因就是慢性肾衰竭。很多老猫都有慢性肾衰竭，很容易并发慢性贫血。为什么肾病跟贫血有关呢？

因为肾脏会分泌一种激素，称为"红细胞生成素"，这种激素会刺激身体的造血细胞产生红细胞，以维持血液中正常的红细胞数量。如果身体长期缺乏这种激素，就会导致红细胞的生成不足，造成慢性贫血。类似的情况狗狗也会发生，如果家中毛孩年事已高，一定要多注意有无贫血的症状。

除了肾病之外，血液寄生虫的感染也会造成贫血，尤其在狗狗中特别常见。以狗来说，壁虱传染的焦虫病（Babesiosis）就常常会造成狗狗急性贫血。焦虫是一种血液寄生虫，它会寄生在红细胞里面，造成红细胞大量被破坏、溶解，进而演变成严重的贫血。

如果平时没有好好预防体外寄生虫，狗狗可能会在草丛玩耍时被壁虱叮咬，过不了几天就会突然精神、食欲变差，舌头、牙龈、口腔黏膜都变得明显苍白。

此外，自体免疫系统的混乱也可能造成贫血。毛孩的身体有时候会因为某些病原感染，或其他疾病的诱发，甚至可能是不明原因而造成免疫系统混乱，免疫细胞错误地把自己身体的正常红细胞当作敌人攻击，造成红细胞大量被破坏，而导致严重贫血，这种状况就称为"免疫介导性溶血性贫血（Immune-mediated hemolytic anemia，IMHA）"。免疫介导性溶血性贫血有时因为没有明确的原因，比较难以诊断，需要更多的检查辅助才能有效确诊。

除了贫血外，舌头苍白还可能是因为血液循环状况不好，例如低血压、失血过多的情况，导致供应到舌头的血流不足，所以看起来苍白。不过如果是这种状况，通常身体都会明显虚弱无力，或是有其他重大疾病、创伤，例如车祸、坠楼等，应该在舌头苍白前就会先发现有其他大问题了。

毛孩贫血该怎么治疗呢？

如果发现舌头苍白一定要记得带毛孩去看医生，检查到底是什么原因造成的。如果是严重贫血或大量失血，可能需要输血治疗。猫、狗的血型跟人类不一样，有时就算血型相同，身体还是有可能会攻击外来的红细胞，所以需要一系列复杂的配对流程，来确保捐血者和受血者的血液能够和平共存。动物不像人类在各地都有充足的血库，虽然有些医院可能会有备用的血包，但如果没有的时候就要临时寻找适合捐血的猫、狗，非常辛苦。

除了输血之外，根据贫血的原因，不同病因造成的贫血也各有不同的治疗方法。如果是慢性肾衰竭造成的慢性贫血，由于是缺乏红细胞生成素所造成的，可以用针剂注射来帮身体补充红细胞生成素，宠物医生通常也会辅助给予铁质、B_{12}等造血原料，帮助新的红细胞更快生成。

如果是焦虫感染造成的贫血，宠物医生会给一些强效的杀虫药，杀灭焦虫后贫血就能改善。不过，焦虫的治疗依照药物的种类和狗狗体型大小的不同，有时价格非常昂贵，焦虫也不见得可以完全被清除干净，所以疗程有可能拖得很长。有时虽然贫血改善了，但其实还残余一些狡猾的焦虫潜伏到身体的角落，伺机而动，等身体免疫力比较差的时候再出来肆虐，造成贫血不断复发。所以最好的方法是预防，预防胜于治疗，平常就做好体外寄生虫的预防，避免壁虱感染，才不会得不偿失。

如果是免疫介导性溶血性贫血，医生可能会用显微镜检查红细胞的状况，或将血液样本送到实验室确认，一旦确诊，就可能要长期服用类固醇或其他免疫抑制剂。这些药物可能都会有些副作用，在免疫系统被抑制的状态下，身体也可能比较容易被其他病原感染，也是属于需要毛爸妈努力配合、长期抗战的疾病。🐾

我看网络上有人征求A型捐血猫，猫猫的血也分血型吗？

不同的人有不同的血型，那么毛孩是否也有血型之分呢？答案是：有的。但猫猫的血型比人类来得简单，只分成A型、B型和AB型。且由于细胞内的染色体都是成对的，所以决定猫猫血型的基因也是成对的。

如果猫猫从猫爸妈身上各拿到一个B型基因，组合起来就会变成B型血的猫猫，如果猫猫的猫爸妈一个是A型、另一个是B型的话，组合起来就可能变成AB型了。不过，由于A型基因相对B型基因来说是显性，当它们组合在一起的时候，常常只有A型基因被表现出来，所以绝大多数的猫猫都是A型血。以美国为例，94%～99%的短毛或长毛家猫都是A型血，相对来说B型血就比较少见，而AB型血则可以算是罕见了。

B型血的猫血液中会带有大量针对A型血的抗体，所以A型血的猫是不能输血给B型血的猫的，如果把它们的血液输给B型血的猫的话，红细胞就会很快遭到破坏而溶解掉。相反，A型血的猫的血液中针对B型血的抗体就比较少，但还是有可能在输血后造成溶血，因此如果猫猫要输血，还是要先确定血型相同才可以。至于AB型血的猫猫，则可以接受各种血型的血液，但还是更加建议输A型血，以免接受太多B型血液中的抗体。🐾

狗狗的血型也是分A型和B型吗？

狗狗的血型跟猫猫比起来就复杂许多了，相对比较常见的是DEA1.1、DEA1.2、DEA1.3，以及DEA3、DEA4、DEA5、DEA7，这7种血型。这些数字代表的是狗狗红细胞表面抗原的名称，跟猫猫不同的是，狗狗的血液在分类时，是去标示它们的红细胞是否带有这些编号的抗原，而不是直接说它是哪种血型。所以我们可能会说这只狗狗是DEA1.1阳性或阴性，而非说它是DEA1.1型。

另一点与猫猫不同的是，狗狗的血液不像猫猫会自然带有对抗其他血型的抗体，所以很多狗狗在第一次输血的时候，即使输入的血液不同也不太会造成问题。不过DEA1.1阳性的血液因为带有大量抗原，输血后会刺激受血者的身体产生对抗它们的抗体，所以如果第二次输血又使用DEA1.1阳性血液的话，就会造成大量溶血了。

血型系统听起来好像很复杂，对毛爸妈来说应该一头雾水，其实我们只要在有需要时帮毛孩检验好血型，后续捐血和输血要注意的事项就交给专业的宠物医生就可以了。毛爸妈可以在帮毛孩抽血做健康检查时，顺便请宠物医生帮它们检验血型，只要使用简单的血型试纸，当天就能知道毛孩的血型，对于将来有需要输血或捐血的时候，都会很有帮助。🐾

医生说我家毛孩生病要输血，必须先做血液配对，那是什么？

毛孩如果因为受伤而大量出血，或是因为感染血液寄生虫、自体免疫、肾脏、肿瘤问题造成严重贫血时，有时可能需要紧急输血。对狗狗和猫猫而言，最常输的是全血或红细胞浓缩液。全血通常是请毛爸妈寻找适合捐血的狗狗和猫猫，带到动物医院现场捐血，并立刻输给生病的毛孩。

而红细胞浓缩液则是将红细胞预先分离出来保存的血包，可以直接向制作的厂商购买来使用。如果是贫血的毛孩，因为缺乏的是红细胞，不管是给予全血或红细胞浓缩液都能立刻提升红细胞的浓度。但对某些疾病，例如凝血异常的动物，可能需要同时补充血浆内的抗凝因子，这时候就不适合使用红细胞浓缩液了。

输血治疗是将其他动物的血液打进生病的毛孩体内，希望能借此补充不足的血液。然而，毛孩的身体有可能会以为这些外来的血液是入侵的敌人，身体就会产生防御机制来对抗并破坏这些外来的血液，这就是我们常听到的排斥现象。如果输入的血液都被破坏殆尽，不仅会前功尽弃，还会造成病患更大的负担，严重的甚至可能造成死亡，因此宠物医生在进行输血前，都会做一系列详细的检查，来避免排异反应。

除了前面提过的，不同血型的血液可能会有排斥反应之外，即便是血型相同的毛孩，它们的血液也不见得完全匹配，因为可能还有更多没有被验到的抗原和抗体存在，如果没有注意，可能还是会产生轻微的排斥反应，即使输入的红细胞没有立刻遭到破坏，也可能会缩短寿命而在几天后凋零，如此一来贫血的问题就回到原点了。

为了避免这种状况，宠物医生都会在输血前进行一次详细的血液配对，方法是：将捐血者和受血者的血液离心，把红细胞和血浆分离开来，用生理食盐水将红细胞清洗干净，再将捐血者的红细胞、血浆和受血者的红细胞、血浆分别交又混合，经过一段时间之后，用显微镜观察这些红细胞有没有凝集或引发免疫反应等。

如果一混合就发现红细胞大量凝集的话，表示这些红细胞在输血之后很快就会被破坏掉，这种情况下就不适合使用这个捐血者的血液了。检验血型虽然可以增加配对的成功概率，但最终还是需要详细的配对来确保输血治疗能成功，再加上太瘦、太老及不健康的动物都不适合作为捐血者，所以寻找合适的血液常常是一件非常劳心劳力的事。

好在现在有很多热心的毛爸妈在社群网络上提供毛孩捐血信息，身为宠物医生的我真的非常感谢这些热心捐血的狗狗、猫猫，可以帮我们从死神手上抢回很多宝贵的生命。

我也想让我家毛孩去捐血帮助其他动物，需要符合什么条件吗？

如果想让毛孩成为捐血者，帮助那些有需要的狗狗或猫猫时，宠物医生都会提供一些适合作为捐血者的条件，符合这些条件才可以捐血，通常包括以下内容。

动物类别	捐血条件
狗狗	★ 捐血者跟受血者血型相符 ★ 健康且有接受完整疫苗、心丝虫预防和体外寄生虫预防，以免身上的病原通过输血传染给受血的毛孩 ★ 最好是体重25千克以上的大型犬，才不会在捐血之后造成自己的血液不足 ★ 必须没有心血管疾病、没有心杂音，以免捐血影响身体的血液循环 ★ 最好是年轻狗狗，年龄最好在1~6岁 ★ 最好是没有接受过输血治疗的狗狗 ★ 最好是没有怀孕过的狗狗

（续表）

动物类别	捐血条件
猫猫	★ 捐血者跟受血者血型相符 ★ 健康且有接受完整疫苗、驱虫和体外寄生虫预防，最好是不出门的室内猫，以免身上的病原通过输血传染给受血的毛孩 ★ 基本血液检查结果正常、猫白血病和猫艾滋病抗体阴性 ★ 最好是体重4.5千克以上的大猫猫，才不会在捐血之后造成自己的血液不足 ★ 最好是年轻猫猫，年龄最好在1～8岁 ★ 最好是没有接受过输血治疗的猫猫 ★ 最好是性格比较温驯、冷静的猫猫

一旦配对成功找到适合的捐血者，宠物医生也会帮捐血毛孩检验红细胞浓度，以及其他基本的指数，除了可以计算预期的输血治疗效果之外，也能避免造成捐血毛孩的身体太多负担。如果家中毛孩不幸需要输血，一定要好好听从医生的指示，也不要忘了买些零食或玩具奖励这些热心的捐血英雄。🐾

· BLOOD ·

血液

我发现我家狗狗的眼白和牙龈都变得黄黄橘橘的，怎么会这样？

狗狗的眼白和牙龈变黄橘色，最有可能的原因就是黄疸，不只眼白和牙龈，其实全身的皮肤和肉垫都会发黄，甚至尿液都会变成深橘黄色。说到黄疸，大家第一个印象一定是肝不好才会造成黄疸，但其实黄疸的成因还有很多。所谓黄疸，其实是血液中过多的胆红素（Bilirubin）堆积所致，那么这些胆红素是哪里来的呢？

原来红细胞在正常新陈代谢的过程中，红细胞里面的血红素会被酶代谢成非结合胆红素，随后送到肝脏去代谢成结合胆红素，再经由胆汁送到肠道，形成粪便的颜色。这中间的任何一个步骤出了问题，都有可能造成胆红素的堆积。依照胆红素堆积的源头，我们可以把黄疸区分成肝前性（Pre-hepatic）、肝源性（Hepatic）和肝后性（Post-hepatic），如下表。

肝前性黄疸	肝源性黄疸	肝后性黄疸
溶血（例如自体免疫疾病、血液寄生虫、中毒等）	肝脏疾病（例如肝衰竭、中毒、感染、脂肪肝等）	胆管阻塞、胆汁淤积

所谓肝前性黄疸，指的就是胆红素在还没进到肝脏之前就发生了堆积，原因是非结合胆红素过多，超过肝脏能够处理的量。由于非结合胆红素是由血红素代谢而来，所以这种黄疸大多是红细胞被大量破坏、溶血所造成的。

前面提过的血液寄生虫感染，例如狗的焦虫症、猫的血巴东虫症，以及自体免疫攻击造成的溶血性贫血，都会造成血红素大量释放，代谢后累积形成黄疸。在这种情况下，动物的肝脏功能其实是没有问题的。

另一种大家不太熟悉的是肝后性黄疸，就是胆红素已经在肝脏被顺利代谢，却无法顺利地进入肠道排泄出去，这种状况通常是胆管阻塞造成胆汁淤积，使得代谢完成的胆红素无法离开肝脏而堆积形成黄疸。造成胆管阻塞的原因有可能是胆管结石、胆囊黏液囊肿（Gallbladder mucocele），或是肿瘤的压迫、阻塞等。

除此之外，有些严重的发炎性疾病，例如胰脏炎、胆管炎和十二指肠发炎等，都有可能因为水肿造成胆管的出口阻塞，而导致暂时性的黄疸。肝后性黄疸除了全身发黄之外，有时可能还会发现毛孩的大便竟然变成白色或灰色的。因为粪便的颜色是由胆红素形成，如果胆红素无法顺利进入肠道，就会造成粪便褪色，出现这种奇特的现象。

最后当然不能不提到肝脏功能异常造成的黄疸，又称为肝源性黄疸。肝脏的再生能力很强，通常如果只有局部的功能受损，是不至于产生黄疸的，所以如果肝脏功能差到会产生黄疸的话，通常都是比较严重的肝炎、肝硬化，甚至是肿瘤的疾病，也就是俗称的肝癌。

以年轻狗狗来说，如果突发急性黄疸，一定要小心，是不是误食化学药剂中毒，或是否不慎被钩端螺旋体感染。钩端螺旋体除了会攻击肝脏造成黄疸之外，也常常造成急性肾衰竭。最可怕的是，钩端螺旋体病是一种人畜共通传染病，所以照顾狗狗的主人和医护人员也有可能不小心被感染，一定要非常小心。

黄疸要怎么治疗，需要开刀吗？

黄疸会影响毛孩的精神、食欲，而且通常都是由重大疾病造成的，一定要赶快带毛孩看医生，千万不能拖延。如果是溶血造成的黄疸，依照不同的病因，可能需要治疗血液寄生虫的感染，或使用免疫抑制剂调节身体的免疫系统，这部分在前面已经提过。

比起狗狗，黄疸更常发生在猫猫身上，因为猫猫有一种特有的肝脏疾病，称为猫咪脂肪肝（Feline hepatic lipidosis）。脂肪肝听起来好像很耳熟，但其实这种脂肪肝和人类的不太一样，它是一种肝脏的脂肪代谢障碍，胖猫尤其容易发生。当猫猫长期饥饿，通常是连续不吃饭1~2周后，身体内储存的糖分已耗尽，只好开始分解脂肪产生能量。身体的脂质会从脂肪组织大量地运送到肝脏去代谢，一下子超过了肝脏的负荷，就会造成黄疸。脂肪肝造成的黄疸最主要的治疗方式就是尽快提供给身体充足的养分，所以宠物医生通常都会建议带猫猫装上喂食管，让食物能够顺利地进到猫猫身体里面。

如果是胆管阻塞造成的黄疸，可能需要切除肿瘤或移除结石，甚至是做造口手术来疏通淤积的胆汁；不过如果只是发炎造成的暂时性阻塞，就可以通过一些消炎药物的治疗使病情得到缓解，相对来说没有那么严重。

如果是严重肝功能异常造成的黄疸，可能还会并发腹水、全身水肿或凝血功能障碍，死亡率就会高很多。以钩端螺旋体感染的狗狗来说，如果患有严重的肝肾衰竭，可能在两三天内就会死亡，即便是紧急住院治疗，死亡率都还是很高，非常可怕。所以每年的疫苗注射千万不能省，也要尽量避免带狗狗到山间溪流玩水，以免接触到野生老鼠的尿液而被传染。

如果是老年动物的肝癌或肝硬化造成的黄疸，由于目前还没有动物肝脏移植的技术及配套措施，通常只能尝试化疗或安宁治疗，结果往往都不甚理想。🐾

内分泌
ENDOCRINE

听说毛孩也会得糖尿病，是真的吗？

不论猫、狗，糖尿病都是很常见的内分泌疾病，对宠物医生来说也是一种相当棘手的内科疾病。糖尿病顾名思义，就是尿液中含有糖分，而正常的尿液是不应该有糖分出现的。

为什么糖分会跑到尿液中呢？最常见的原因就是身体的血糖过高，导致肾脏在过滤产生尿液时超出负荷，而无法将所有糖分回收。那么血糖为什么会过高呢？身体的血糖是由胰高血糖素和胰岛素这两个重要的激素来调控的。胰岛素主要负责降低血糖，把多余的糖分转化成脂肪等物质储存起来，如果胰岛素的分泌不足，或是有足够的胰岛素却无法正常发挥功能时，就会造成血糖持续过高。

以狗狗来说，比较常见的原因是胰脏发炎或自体免疫混乱，导致分泌胰岛素的细胞遭到破坏；而以猫猫来说，则通常是由于身体细胞对胰岛素产生了抗性，或是慢性胰脏炎所造成。

我们常常听到，肥胖的人比较容易得糖尿病，同样地，肥胖的猫、狗也是罹患糖尿病的高风险族群。其他疾病，例如肢端肥大症、肾脏病、肾上腺皮质功能亢进和甲状腺功能减退等，都可能会并发糖尿病。糖尿病最明显的症状就是会吃多、喝多、尿多，毛孩明明食欲很旺盛却一直变瘦，如果已经出现这些预警信号，却没有积极治疗的话，就有可能造成严重脱水，最终可能会引发酮症酸中毒。

糖尿病的酮症酸中毒主要是因为血糖无法经由胰岛素有效转化成能量，使得身体开始大量分解脂肪作为能量来源。然而，快速分解脂肪会产生大量的酮体，这些酮体带有酸性，会造成身体内的酸碱值不平衡，甚至可能导致死亡。

如果毛孩不幸得了糖尿病，要怎么诊断和治疗呢？

糖尿病的诊断并不困难，如果有相关的临床症状，再加上持续的高血糖及糖尿，宠物医生就会高度怀疑毛孩罹患了糖尿病。如果是已经并发酮症酸中毒、病情严重的毛孩，可能需要住院治疗，严密地追踪并调整血中的酸碱值及血糖浓度。而症状轻微的毛孩，宠物医生可能就会建议毛爸妈在家每天帮它们施打胰岛素，并且定期复诊追踪血糖曲线。

什么是血糖曲线呢？毛孩在施打胰岛素之后血糖就会开始下降，然而，不同毛孩需要的胰岛素剂量不同，我们并没有办法在第一次施打就预测到毛孩适合多少剂量，所以我们要追踪毛孩施打完之后的血糖变化，如果打完后12小时内发现血糖并没有明显下降，则需要调高剂量。

而如果打完之后血糖掉得太快，甚至出现低血糖症状，例如昏倒、虚弱、癫痫等情况，就要把胰岛素剂量调低。所以糖尿病的毛孩在开始治疗的初期，往往需要比较密集地追踪血糖曲线，才能找到比较合适的剂量。

在过去，除非毛爸妈有能力在家帮毛孩验血糖，否则追踪血糖曲线通常需要留院12小时做检验，不仅舟车劳顿很辛苦，毛孩在医院也会比较紧张，甚至可能影响血糖数据。不过，近几年开始有些厂商推出皮肤植入式的血糖检测器，只要把检测器黏在皮肤上，再用手机扫描，就能够轻松得到血糖数值，让毛爸妈可以很方便地在家中追踪毛孩血糖，不需要常常跑医院。如果家中有糖尿病患需要照顾，毛爸妈可以向宠物医生询问家中毛孩是否适合这种产品。

除了每天定时施打胰岛素之外，控制糖分的摄取对于糖尿病治疗也是非常重要的一环，宠物医生通常会建议毛孩改吃低淀粉的糖尿病处方饲料，每餐定时、定量，并戒掉所有其他零食，以免造成血糖混乱。糖尿病的控制是一场非常辛苦的长期抗战，唯有靠毛爸妈和宠物医生的密切配合，才能让毛孩有舒适的生活。

我家猫猫年纪大了之后脾气越来越暴躁，明明以前很温驯的，怎么变得这么古怪？

有些毛爸妈会发现猫猫在年纪大了之后，脾气变得越来越火爆，年轻时本来是一只很温驯的猫，老了之后却动不动就打人、咬人，甚至完全不让人碰，个性变得很古怪。毛爸妈可能会以为是自己把猫猫宠坏了，但其实这可能是内分泌疾病的症状之一，尤其可能是甲状腺功能亢进（Hyperthyroidism）。

甲状腺功能亢进在中年以上的老猫中是相对常见的内分泌疾病，在美国，10岁以上的老猫，每10只就有1只可能罹患甲状腺功能亢进。除了脾气暴躁之外，可能还会发现它们有其他症状，包括精力旺盛、焦虑躁动、莫名嚎叫、食量变大却日渐消瘦、喝水量及尿量变多等，有时也可能会出现呕吐或拉肚子的症状。

甲状腺功能亢进的猫猫可能会减少理毛，所以也可能会发现它们的毛发变得很杂乱。甲状腺功能亢进还可能会并发高血压及心脏肥大，所以也可能会发现它们呼吸变得急促，以及出现心跳加速的状况。如果在8岁以上的老猫身上发现这些症状，应该请宠物医生进一步检查。

甲状腺功能亢进常常是因为甲状腺腺体肿大造成的，宠物医生可能会在猫猫颈部气管的两侧摸到肿大的甲状腺，它们绝大多数是良性的增生或腺肿，但也有2%的概率是恶性的上皮癌。宠物医生会检验血液中的甲状腺素浓度，如果持续高于正常水平，就可以确诊为甲状腺功能亢进。有些老猫的症状并不明显，可能很容易忽略掉这个疾病，因此，8岁以上的老猫在做健康检查时，建议把甲状腺素纳入检查的项目。🐾

如果猫猫不想吃药，甲状腺功能亢进可以不治疗吗？

甲状腺功能亢进如果长期不接受治疗，可能会并发其他器官的疾病，最常见的并发症包括高血压、心脏病等。

猫猫的心脏病比较难发现，宠物医生通常会建议猫猫做心脏超声波检查，来评估心脏功能是否受到甲状腺功能亢进的影响，如果有心脏肥大的问题，则需要服用额外的心脏药物。除了造成心脏肥大之外，甲状腺功能亢进也有可能造成心动过速、心律不齐的问题，这方面就需要做心电图检查来确认。此外，甲状腺功能亢进也常常并发高血压，高血压有可能会造成猫猫视网膜剥离、眼内出血、失明，以及脑部、肾脏的病变，长期高血压也会造成心脏肥厚大，因此定期追踪并控制血压也非常重要。

虽然治疗甲状腺功能亢进很重要，但有些猫猫在开始治疗甲状腺问题之后，可能会发现肾指数开始飙高，出现慢性肾病的症状，而被误以为是甲状腺药造成肾病。其实，这并不是甲状腺的药物造成肾脏损伤，而是这些猫猫原本就已经有潜在的肾脏疾病，只是由于甲状腺功能亢进使得肾脏的血流过于充沛，造成肾脏的过滤功能变得旺盛，使得肾指数假性正常。

一旦甲状腺素被抑制，原本被掩盖的肾病问题就会浮现，才会在开始吃药之后被医生发现。针对这些同时罹患多种疾病的猫猫，毛爸妈一定要积极配合宠物医生，密集且详细地追踪检查，才能让药物在各个器官之间取得平衡，让毛孩回到最健康的状态。🐾

甲状腺功能亢进要怎么治疗呢？需要做手术吗？

如果确定罹患了甲状腺功能亢进，宠物医生最常使用的疗法是给予一些药物抑制甲状腺素的生成，这类药物需要长期、定时地服用，并且定期追踪各项血液指数，毛爸妈千万不可任意调整剂量，否则对身体的影响是非常大的。

由于碘离子是甲状腺素的重要成分，所以除了药物之外，有些处方饲料也有低碘的配方，可以通过减少碘的摄取来抑制甲状腺素的生成，一样能达到控制疾病的效果。不过，使用这种处方饲料的猫猫，必须要严格控制饮食，不能再给其他零食，以免影响疗效。

前面提过，甲状腺功能亢进通常是甲状腺的增生或肿大引起的，所以手术切除肿大的甲状腺也是治疗的选项之一，而且治疗效果相当显著。不过手术切除需要全身麻醉，对于老猫来说会是另一个风险，尤其如果并发心血管疾病和肾脏病的老猫，更需要详细评估。手术的另一个缺点是不可逆，而且有可能伤到其他周边组织，所以一定要找有经验的外科医生来处理。

目前还有一种治疗方法是注射或口服放射性的碘离子，一旦身体将这些碘离子运送到甲状腺去，这些放射性的能量就能够杀死异常的甲状腺细胞，达到治疗的效果。不过这些放射性物质对人类的身体也有害，所以需要持有特别的证照并具备专业的设施才能够执行这种治疗。在治疗过程中，猫猫必须要住院而且禁止探病，以免探访者被放射性物质辐射。目前台湾似乎还没有适合执行这种疗法的设施及专科医生。🐾

我家狗狗年纪大了之后每天都在睡觉不想动，不只皮肤长出老年斑，还胖了好几千克，狗狗老了都会这样吗？

有些年纪大的狗狗整天无精打采，怕冷、不停睡觉，吃得没有很多却很容易胖，皮肤掉毛光秃秃，或是长出很多大片黑斑，这些症状都有可能是甲状腺素过低所造成的。

甲状腺素是促进身体新陈代谢的一种重要的激素，也是促进毛发生长的重要激素，所以当身体内的甲状腺素不足时，新陈代谢就会变得缓慢，使得狗狗好像"呼吸都会胖"。也由于新陈代谢缓慢，身体产热不足，使得狗狗异常地怕冷，即使大热天也要缩在被窝里面。

另外毛发也会停止生长，剃过的毛发可能长不出来，原本的毛发也会随着时间慢慢凋零脱落，导致全身毛发稀疏。很多狗狗在初期身上的毛还没掉光，但尾巴却明显光秃秃，看起来就像老鼠的尾巴，这是内分泌脱毛的典型表现。

除了这些外观可见的症状之外，宠物医生可能也会发现它们的心跳特别缓慢、皮肤增厚、血中的胆固醇过高、角膜脂质沉积，或是并发干眼症等。

淋巴细胞性甲状腺炎是最常见造成狗狗甲状腺素分泌不足的原因，一般认为可能是自体免疫混乱，攻击自身的甲状腺所造成。不过也有很多狗狗甲状腺素分泌不足是由甲状腺的萎缩造成的，这些狗狗的甲状腺腺体构造变少，被脂肪组织所取代，所以就没有足够的腺体来分泌甲状腺素，但是造成这种萎缩的原因目前还不明确。

甲状腺素不足的状况通常狗比较常见，猫比较常见的是甲状腺功能亢进，两种动物刚好相反。甲状腺素过低并不是一个会立即危及生命的疾病，但时间长了还是会引发一些并发症，造成狗狗不舒服，所以如果有相关的症状，还是要找宠物医生就诊。🐾

甲状腺素不足需要手术吗？还是吃药治疗？

甲状腺素低下的诊断和治疗并不困难，宠物医生可以抽血检验狗狗身体内的甲状腺素浓度，综合临床症状来判断狗狗是不是患有甲状腺素过低的问题。不过，当身体有其他疾病时，其激素也可能会影响甲状腺素的分泌，所以如果要确定甲状腺问题的来源，需要将血液检体送到大型的实验室去化验，跟在诊所化验的血检项目会稍微不同，费用也略有差异。

大型实验室可以检验的项目和诊所有什么差异呢？其实甲状腺素（T4）平常在身体里面是以两种形式存在的，一种是和蛋白质结合的"结合态甲状腺素（Bound T4）"；一种是没有和蛋白质结合的"游离态甲状腺素（Free T4）"。一般诊所的仪器只能验到这两种甲状腺素加起来的总甲状腺素（TT4）浓度，但由于其他疾病也会使总甲状腺素浓度降低，并不一定是甲状腺本身的问题，所以如果要确诊，就要送到大型实验室去做检验，确认游离态甲状腺素真的太低才能断定是甲状腺出了问题。

此外，大型实验室还能检验另一种很重要的激素，称为促甲状腺激素（TSH），这个激素是由脑下垂体分泌，用来刺激甲状腺体分泌甲状腺素的。如果甲状腺功能真的低下，身体就会增加促甲状腺激素的分泌，催促甲状腺赶快制造多一点甲状腺素，此时我们就会验到促甲状腺激素的浓度升高。所以如果总甲状腺素浓度过低加上促甲状腺激素浓度升高，就能证明毛孩的甲状腺真的有问题；但如果只有总甲状腺素浓度降低，促甲状腺激素浓度却没升高的话，就要再确认游离态甲状腺素真的过低才能诊断甲状腺功能减退。

甲状腺功能减退并不需要做手术，虽然通常没有办法痊愈，但可以通过药物进行良好的控制。一旦确诊之后，狗狗就需要终生以口服的方式补充甲状腺素，并定期复诊追踪血中浓度。只要好好配合宠物医生的指示，按时吃药，就会发现狗狗的毛发慢慢变回茂密的样子，从此告别"油腻大叔"的形象。🐾

生殖
REPRODUCTION

生殖

REPRODUCTION +

狗狗和猫猫几岁开始发情？多久发情一次呢？

狗狗和猫猫如果没有绝育，每隔一段时间都会有发情的现象，类似于人类的月经来潮。以小型犬而言，第一次发情，也就是所谓的青春期在6～10月龄的时候；大型犬则是在18～24月龄，也就是1岁半至2岁的时候；而猫猫则通常是5～9月龄就会有第一次的发情。刚开始发情的毛孩，它们的发情周期有可能还不规律，这是正常的现象。有些母狗可能要到第一次发情的2年之后才慢慢建立起规律的发情周期。

至于发情的周期，狗狗通常是平均7个月发情一次，也就是一年可能会发情1～2次，通常在早春的季节比较容易发情，但因为现代的狗狗大多饲养在家中，季节的影响就变得不很明显了。此外，发情的次数也跟体型有关，小型犬有可能1年发情3次，巨型犬种则有可能1年只发情一次。但也有一些犬种比较特别，例如德国狼犬可能4个多月就会发情一次，而贝生吉犬则是1年发情一次，通常在12月的时候发情。猫猫则是属于季节性发情，1年2～4次，通常秋冬天气较冷的时候比较少发情。

狗狗、猫猫的卵巢跟人类一样，也会有一个周期性的循环变化，我们称为动情周期（Estrus cycle），而根据卵泡的变化可以分为4个时期：动情前期（Proestrus）、动情期（Estrus）、动情间期（Diestrus）、乏情期（Anestrus）。我们所说的"发情"指的大概是动情前期和动情期这两个阶段，详细介绍如下。

①	动情前期	（Proestrus）	狗2~15天，平均9天。

① **动情前期**（Proestrus）
狗2~15天，平均9天。

此时母狗的外阴部会变得比较肿胀，可能会有一些血样的分泌物，类似人类的月经。毛爸妈可能会发现家中母狗常常舔拭它们的外阴部，脾气也可能会比较暴躁。公狗可能会在这个时期被母狗吸引，但母狗可能会拒绝爬跨。

② **动情期**（Estrus）
狗3~21天，平均9天。猫3~16天，平均8天。

此时母狗愿意接受爬跨，可以进行交配，母狗的尾巴位置会改变，吸引公狗来嗅闻。猫猫则可能会频繁地嚎叫、坐立难安、胸部贴地匍匐爬行、翘起屁股、频繁摩擦家具或毛爸妈的脚踝、舔拭下体等，室内猫也可能会在这个时期不断地看向门外、窗外，企图跑去外面寻找伴侣。而公狗、公猫在发情时也会变得躁动，有可能到处乱尿尿，企图留下气味来吸引异性。

③ **动情间期**（Diestrus）
未怀孕母狗约66天。
母猫未排卵者21天。

未怀孕母狗在这个时期会有所谓假孕（Pseudopregnancy）的现象，会出现乳腺发育、胀大、体重上升等类似怀孕的症状。而猫则比较特别，它们需要通过交配的动作来诱导排卵。母猫如果没有找到公猫交配，就不会排卵，它们会在21天之后重新发情；而如果有交配的动作造成排卵，但没有成功怀孕的话，就会进入30～45天的假孕状态，之后再重新发情。

④ **乏情期**（Anestrus）

所谓的乏情期就是狗狗假孕的症状渐渐消失，到下一次发情季节之前的这段时间。这段时间的狗狗、猫猫就会和平常一样，没有任何发情症状，也不接受异性求爱。

毛孩一定要结扎吗？为什么宠物医生都要叫我们带毛孩去绝育呢？

如果没有打算让家中毛孩怀孕，一般来说宠物医生都会建议母狗、母猫要进行绝育，除了可以避免怀孕之外，也可以避免发情行为带来的困扰，同时还可以预防子宫蓄脓及乳腺肿瘤。

没有绝育的母狗、母猫由于一段时间就会发情一次，在发情期间阴道可能会跟外界接触，使得外界的细菌跑进生殖道内，有可能会造成子宫蓄脓。子宫蓄脓会使得大量细菌累积在体内，严重时甚至可能引发败血症造成死亡，是非常可怕的疾病，必须紧急手术将子宫卵巢移除！虽然手术不算复杂，但如果等到老年才发病，加上败血症、身体状况比较虚弱的时候才来动刀，手术风险是非常高的。

另外，没有绝育的母狗、母猫因为激素长期的刺激，也容易发生乳腺肿瘤。以狗来说，乳腺肿瘤大概有一半的概率是恶性、一半的概率是良性；以猫来说，几乎九成以上是恶性肿瘤，也就是乳腺癌，是会危及生命的。

有研究指出，早期绝育可以预防乳腺癌，如果母狗在第一次发情前就绝育，罹患乳腺癌的概率可以降到0.05%；如果第二次发情前绝育，罹患的概率会上升到8%；第二、第三次发情后绝育，罹患概率是25%；第四次发情之后才绝育，就没有预防乳腺癌的效果了。而以猫来说，如果在6个月龄前就绝育，罹患乳腺癌的概率可以降到9%，7～12月龄可以降到14%，之后罹患的概率就会大增，所以也是建议尽早绝育比较好。

当然，绝育并不是完全没有缺点，很多狗狗、猫猫在绝育后代谢和活动力会稍微下降，很容易有肥胖的问题，年纪大时就容易产生关节疾病。另外，某些品种在绝育之后可能会有比较高的风险罹患其他肿瘤，例如近期就有研究认为，黄金猎犬的母犬绝育可能要考虑其他疾病的影响，所以详细的建议可能还是要请教毛孩的宠物医生，针对个别的情况进行选择，才是最适合它的。🐾

狗狗和猫猫怀孕的过程是多久？要怎么知道它们怀孕呢？

狗狗怀孕的周期是56~72天，平均大约是63天；猫猫怀孕的周期则是64~68天。

狗狗在怀孕期间可能活动力会有所下降，比较容易累、爱睡觉等，有些狗妈妈会变得比较黏人，变得更常找毛爸妈撒娇。而在怀孕后，血中的泌乳激素会升高，使得怀孕的母狗开始出现一些怀孕期的身体变化，例如乳头会开始变凸、变得粉红。刚怀孕的3~4周内食欲可能会比较差，但在怀孕的后半段食量又开始增加，超过原来的50%。

怀孕30天的母狗可能会看到阴道出现黏液样的分泌物；35天后体重明显上升，达到正常体重的1.5倍；40天后可以发现腹部开始肿胀，乳腺明显增生并且有分泌物；50天后则可以看到腹部明显膨大。直到分娩前7天，开始可以从狗妈妈的乳头挤出一些初乳乳汁，就代表预产期已经很接近了。不过，以上这些变化也不是每只狗妈妈都看得到，例如生第一胎或者胎儿较小的狗妈妈，这些外观变化可能就没那么明显。

猫妈妈在怀孕期间的行为变化相对狗来说不是很明显，只有少数的怀孕母猫可能会变得爱撒娇或脾气变得暴躁。而在外观的变化上，它们在怀孕21天后就会发现乳腺变大、变粉红的状况；50天后可以看到腹部明显膨大，但相对狗狗来说没有那么明显；大约怀孕58天后会发现乳腺明显增生，直到分娩前7天，一样可以开始从猫妈妈的乳头挤出一些初乳乳汁，帮助判断预产期。

怀孕的狗妈妈、猫妈妈该怎么照顾呢？

其实怀孕的毛孩跟人类一样，均衡的营养是很重要的，营养不足可能会导致胚胎流失、胚胎发育异常、流产、死产、胎儿体重过轻等。然而，如果过度喂食也有可能造成毛孩过于肥胖，而增加难产的风险，也可能减少产后泌乳的乳量，影响新生儿的发育。

狗狗的怀孕期平均大约是63天，前2/3的阶段（也就是怀孕的前6周），它们的营养需求大致上跟一般年轻成犬不会有太大差异，所以食物上不需要有太多变动，但必须注意避免它们的体重在这个阶段变轻。

而在后1/3的阶段，也就是怀孕40天后，这个时期是宝宝开始快速发育的时期，所以怀孕的第6~8周会是狗妈妈营养需求最大的阶段，要比一般成犬高出30%~60%，毛爸妈必须多加注意。尤其在怀孕最后1周，狗妈妈整个肚子已经被胎儿占满，肠胃的空间可能装不下太多食物，毛爸妈应该尽量提供易消化、营养价值高的食物，食物中至少包含29%的蛋白质和17%的脂质，以少量多次的方式喂食。

而对于猫妈妈来说，营养的原则也是跟狗狗类似，但是时间点会比较早一些，大约在怀孕的第4周之后就可以开始将它们的食物慢慢换成高消化、高营养价值的饲料。如果买不到专为怀孕母猫设计的配方，可以选择幼猫饲料来提供充足的营养，在转换饲料的过程中不可心急，应该用7~10天的时间混合成猫和幼猫饲料，慢慢调整比例将主食改成幼猫配方。

偏好干饲料的猫猫要注意提供充足的水分，避免脱水影响后续泌乳。如果猫猫偏好湿食，要注意副食罐的热量是远远不及干饲料的，可能需要挑选营养成分高的主食罐头来跟干饲料搭配。

另外，由于产后泌乳会消耗大量的钙、磷和水分，所以产前也要多注意补充。毛爸妈可以直接选购市面上专为怀孕动物设计的食物和补充品，注意钙的比例应该为1%～1.8%，磷的比例则应该为0.8%～1.6%。除了钙、磷外，叶酸、铁质和其他必须脂肪酸的补充也是很有帮助的，毛爸妈可以咨询宠物医生，依照医生的建议来选择适当的营养品。

除了营养之外，适度的运动对于怀孕的毛孩也是很重要的，如同前面所说，过胖可能会增加难产的风险，尤其分娩时需要足够的体力及腹部肌肉的推动才能顺利生产，所以怀孕的毛孩也不应该完全停止运动。狗狗在怀孕的前半段都还可以正常出门散步，但要注意避免中暑或过于激烈的活动。后半段由于胎儿的重量太重，运动量可以跟着减少，依照毛孩的体力状况适量散步即可。🐾

毛孩也有产检吗？产检是怎么判断它们怀孕的呢？

没错，毛孩也有产检。想要确认毛孩有没有怀孕、怀了多少宝宝，以及推算预产期等信息，只要找宠物医生协助做产前检查就可以判断了。

要确认毛孩是否怀孕，理想的诊断时间大约是在配种后的1个月，可以比较准确地判定。如果使用高阶的超声波仪器，最早大约在怀孕20天后可以看到子宫内的胚胎；怀孕22天后则可以看到胎儿的心跳；32天后开始可以看到胎儿的头部、四肢、躯干、腹腔等结构逐渐发育出来；等到怀孕40天后，胎儿的骨骼就开始骨化，可以看得更清楚了。

而猫猫的胎儿心跳可以更早看到，大约在配种后的15天，就可以用高阶超声波仪器看到，不过理想的诊断时间还是在配种后的1个月，那时会更清楚。

毛孩怀孕是跟人一样通常一次只有一个胎儿吗？还是有可能多胞胎呢？

狗狗一次怀孕的宝宝数量，最少有1只，但有些巨型犬种最多一次可以怀15只。一般来说，年轻母狗一次怀的胎数会比较少，随着年龄增长，到3～4岁时一次怀的胎数会比较多，之后年纪更大时胎数又会下降。如果狗妈妈只怀了1～2个宝宝，通常会比较容易难产，因为每个宝宝的身体会长得比较大，但对子宫的刺激却比较少，要特别注意。

而对猫猫来说，每次怀孕平均是3～5只，最少也是只有1只，最多则可能一次怀9只宝宝。通常第一次生产的猫妈妈怀的胎数会比较少，但不同于狗狗的是，猫猫即使怀的胎数少也并不会造成难产。

想要确认宝宝数量，最好的方法还是用X线检查来判断。超声波的扫描范围有限，没办法一次看到整个腹腔，所以反而没那么准确。X线检查的判断需要看到宝宝的骨骼，所以不管是狗狗或猫猫，都要等到怀孕40～45天后来做X线检查才会比较准确。

宠物医生可以通过计算宝宝脊椎和头骨的数量来确认胎儿的数目。由于胎儿在不同阶段骨骼发育的程度不一样，X线检查除了可以计算胎儿数目之外，也可以通过骨骼发育的状况来推算预产期，例如：当宝宝的手指、脚趾这些比较小的骨骼都已经发育完成的时候，就有可能离预产期非常接近，毛爸妈可以开始做一些产前准备了。

当然，也有些毛爸妈会担心怀孕期间做X线检查会影响胎儿和毛孩的健康，其实动物用的X线的剂量都非常低，例行产检时的X线检查是不会造成胎儿畸形的，可以不必太过担心。🐾

产检可以知道宝宝是否健康吗？要怎么推算怀孕毛孩的预产期呢？

针对预产期的推算，宠物医生会用超声波测量宝宝的头围来帮助判断。当然，预产期只是一个粗略的推算，如果毛爸妈可以提供更多信息，例如确切是哪一天发生交配行为等，综合参考就能够让预产期更准确，不过最终还是会受到宝宝和怀孕毛孩身体状况的影响而提早或延后分娩，毛爸妈还是要随时密切观察才行。

超声波除了可以判断有没有怀孕，以及怀孕的时期之外，还有一个很大的好处是可以通过多普勒技术来计算胎儿的心跳数，借以判断胎儿是否健康。正常来说胎儿的心跳速率应该是母亲的2倍左右，如果发现胎儿心率明显过慢，表示胎儿有可能不健康，甚至可能演变成死胎，宠物医生可能就会评估是否需要提早进行剖腹产了。

毛爸妈可以在毛孩配种1个月后帮毛孩安排一次产检，除了确认毛孩是否成功怀孕之外，还可以检查体内的胎儿是否健康，有没有死胎的问题等。虽然毛孩的产检并没有办法准确判断宝宝是否罹患先天疾病，但有件很重要的事情是强烈建议一定要确认的，那就是毛孩肚子里面到底有几个宝宝。因为毛孩一次可能不止怀一个宝宝，如果自然产到一半发现肚子里面剩下的宝宝迟迟不肯出来，就有可能需要赶快到医院催产，甚至是剖腹产把剩下的宝宝拿出来。所以分娩当天，毛爸妈明确掌握毛孩怀了几胎、目前生到第几胎、生产的时间点等信息，对宠物医生来说是非常重要的。🐾

毛孩需要去医院待产吗？怎么知道它快要生了呢？

毛孩是否需要去医院待产呢？其实毛孩生产时需要的是一个安静不被打扰、没有压力的环境，所以如果在医院待产，由于环境不熟悉，反而可能会造成毛孩紧张而使生产不顺利。大多数毛孩都能在家自然生产，生产后大多数毛孩也会有天生的母性照顾小宝宝。

怎样才知道毛孩即将临盆呢？最重要的征兆就是怀孕毛孩的体温会突然下降。正常状况下毛孩的体温大约在38.5℃，而在即将分娩的前1周，毛孩的体温会开始下降并上下浮动，在37～38.5℃徘徊；到分娩前8～24小时的时候，体温就会突然更大幅度地下降，小型犬可能会降到35℃左右，中型犬则大约是36℃，巨型犬就比较少低于37℃。所以如果发现毛孩体温骤降，就可以知道它们即将分娩，要做好准备了。不过对猫猫来说，虽然也有产前体温下降的征兆，但可能不像狗狗那样能够那么准确预测分娩时间。

除了体温的变化之外，毛孩在分娩前12～24小时也会有筑巢的行为，例如：把地毯、毛巾或宠物床拖到新的位置堆叠，出现挖地板的动作，或者钻到阴暗的小角落躲起来等。猫妈妈在怀孕第9周快要分娩时，通常会变得比较缺乏活力。而第一胎生产的猫妈妈在分娩前2天通常也会变得比较焦虑，开始寻找适合生产的地方，有些猫妈妈会在分娩前的12～24小时完全不肯吃饭，但也有些猫妈妈完全没有明显的行为变化。

我家毛孩快要生了，我该帮它准备些什么呢？

当毛孩预产期快到，又观察到毛孩有前述即将分娩的征兆时，毛爸妈可以预先帮它们准备好一个安静、阴暗、不受打扰的小房间待产，给毛孩一些毛巾、软垫，让它们安心地筑巢。毛爸妈可以在小房间内架设监控设备远程监控毛孩分娩的状况，避免房门和电灯开开关关，造成毛孩的紧张。

在小宝宝出生前，也可以预先准备一个大的瓦楞纸箱，里面铺上毛巾及撕碎的报纸条，让刚出生的小宝宝和分娩后的毛孩休息。毛巾下方也可以垫一些热水袋，或者用保温灯照射纸箱，来达到保温的效果。

在分娩过程中，毛爸妈最好要随时注意毛孩的状况，通常在生第一个小宝宝前的2~4小时，肚子的收缩会比较微弱，间隔也比较长，直到一切就绪，毛孩就会频繁且强烈地收缩腹部把宝宝推出。毛爸妈要注意的是，如果看到毛孩很频繁用力地收缩腹部，却怎么也推不出宝宝，而且这种状况持续20~30分钟的话，就有可能是有难产的状况，需要赶快带去找宠物医生处理。

另外，如果是已经确定怀了多个宝宝的毛孩，正常状况下，每个宝宝顺利出生的间隔时间是5~120分钟。如果其中一胎比较大，毛孩可能会在生完之后停止腹部的收缩，休息两个小时之后才继续生产。通常整个分娩过程大概会在6小时内完成，但也有可能拉长到12小时。

如果超过24小时还没生完，就很有可能有难产的问题了。如果毛孩体内还有宝宝，却超过两个小时都没有继续生下一胎，或者腹部有收缩但是很微弱，看起来像没有力气的样子，这些都有可能是难产的症状，这时千万不能拖延，必须赶快就医，宠物医生会视情况打催产针或进行剖腹产手术。如果拖延太久，难产的宝宝就有可能会死亡，所以生产的过程毛爸妈一定要好好陪伴、观察，才能让所有宝宝顺利出生。🐾